Corinna Knauber

Das B-Werk Besseringen

Corinna Knauber

Das B-Werk Besseringen

Entstehung, Inwertsetzung und besucherorientierte Nutzung einer Westwallanlage

Reihe Realwissenschaften

Impressum / Imprint

Bibliografische Information der Deutschen Nationalbibliothek: Die Deutsche Nationalbibliothek verzeichnet diese Publikation in der Deutschen Nationalbibliografie; detaillierte bibliografische Daten sind im Internet über http://dnb.d-nb.de abrufbar.

Alle in diesem Buch genannten Marken und Produktnamen unterliegen warenzeichen-, marken- oder patentrechtlichem Schutz bzw. sind Warenzeichen oder eingetragene Warenzeichen der jeweiligen Inhaber. Die Wiedergabe von Marken, Produktnamen, Gebrauchsnamen, Handelsnamen, Warenbezeichnungen u.s.w. in diesem Werk berechtigt auch ohne besondere Kennzeichnung nicht zu der Annahme, dass solche Namen im Sinne der Warenzeichen- und Markenschutzgesetzgebung als frei zu betrachten wären und daher von jedermann benutzt werden dürften.

Bibliographic information published by the Deutsche Nationalbibliothek: The Deutsche Nationalbibliothek lists this publication in the Deutsche Nationalbibliografie; detailed bibliographic data are available in the Internet at http://dnb.d-nb.de.

Any brand names and product names mentioned in this book are subject to trademark, brand or patent protection and are trademarks or registered trademarks of their respective holders. The use of brand names, product names, common names, trade names, product descriptions etc. even without a particular marking in this works is in no way to be construed to mean that such names may be regarded as unrestricted in respect of trademark and brand protection legislation and could thus be used by anyone.

Coverbild / Cover image: www.ingimage.com

Verlag / Publisher:
AV Akademikerverlag
ist ein Imprint der / is a trademark of
OmniScriptum GmbH & Co. KG
Heinrich-Böcking-Str. 6-8, 66121 Saarbrücken, Deutschland / Germany
Email: info@akademikerverlag.de

Herstellung: siehe letzte Seite /
Printed at: see last page
ISBN: 978-3-639-49439-6

Inhalt

1. Einleitung

Relikte in Form von Bunkern sind auch heute noch, über 70 Jahre nach Beginn des Zweiten Weltkrieges, an zahlreichen Orten der deutschen Westgrenzanlage, dem Westwall, zu finden. Vor allem in saarländischen Regionen lassen sich zahlreiche Bunkerruinen entdecken, obwohl es nach Kriegsende immer wieder Versuche gegeben hat, die fortifikatorischen Anlagen zu sprengen oder ihnen eine neue Nutzung zuzuführen (vgl. WENK 2001, S.17f.). Mancherorts ist dessen ungeachtet eine Erhaltung der monumentalen Bauwerke angestrebt worden, indem beispielsweise (bspw.) eine Inwertsetzung als Museum mit Mahnmalcharakter initiiert worden ist. Letzteres konnte ebenfalls an der „bedeutendste[n] Anlage des Westwalls im Saarland, von etwa 3000 Bunkern, [...]" (BÜREN 1977/1979, S.83) realisiert werden. Zwischen Besseringen und Merzig liegend, entzieht sich die Anlage fast vollständig den Blicken, obwohl sie sich nur 100 m nördlich eines Verkehrskreisels im Gewerbegebiet „Siebend" entfernt befindet (vgl. SCHOLL/MALBURG 2006, S.107). Unter einem mit Sträuchern und Büschen bewachsenen Hügel liegt das „B-Werk Besseringen", das einzige noch heute unzerstört erhaltene Bauwerk seiner Art. Damit beinhaltet diese Anlage ein Alleinstellungsmerkmal unter entweder zerstörten oder den heute lediglich selektiv erhaltenen B-Werken. Von etwa 14.500 Bunkeranlagen des Westwalls, die von 1936 bis 1940 angefertigt wurden, sind nur 32 als B-Werke ausgebaut worden (vgl. BÜREN 1977/1979, S.83). Unterscheidet es sich doch abgesehen von der Anzahl von den sonst noch bekannten, aufgrund ihrer technischen Ausstattung eher als primitiv einzustufenden Westwallbunkern durch die benennende Ausbaustärke ‚B' mit einer Wand- und Deckenstärke von 1,50 m (vgl. ebd.). Eine kurze Erwähnung soll an dieser Stelle noch die Tatsache finden, dass heute im latenten Wissen der deutschen Bevölkerung Bunker vielmehr eine Schutzfunktion als eine Kampffunktion innehatten.

Inwiefern die erhaltene und inzwischen fortgeschrittene Inwertsetzung der Anlage und deren Überführung in das „Museum B-Werk Besseringen" mit einer besucherorientierten Nutzung gelungen ist, soll im Zuge der Arbeit, gestützt auf eine Besucherbefragung und die Erörterung eines durchgeführten Expertengespräches, untersucht werden. Aufgrund der hervorgehobenen Merkmale beschäftigt sich die vorliegende Bachelorarbeit mit dieser Thematik und trägt den Titel: „Das B-Werk Besseringen. Entstehung, Inwertsetzung und besucherorientierte Nutzung einer Westwallanlage."

Die Entstehung des B-Werkes soll im zweiten Kapitel hinsichtlich des historischen Hintergrundes und der Fakten bezüglich der Beschaffenheit und militärischen Ausrüstung der Anlage behandelt werden. Die Situation während und nach dem Zweiten Weltkrieg am Standort in Besseringen soll eine Überleitung zum nächsten Kapitel „Restaurierungsmaßnahmen am B-Werk" ab dem Jahr 1997 bieten. Nachdem Details und Erläuterungen zur Inwertsetzung geschildert wurden, kann der empirisch gestützte Teil der Arbeit, die besucherorientierte Nutzung des B-Werkes, folgen. Verschiedene Aspekte wie die Aufmerksamkeitsgewinnung, Geschlechterverteilung der Besucher, Gründe und Motivation für den Besuch, die gewonnen Eindrücke, die Zufriedenheit mit der Besichtigung und auch Verbesserungsvorschläge für die zukünftige Inwertsetzung am B-Werk sollen in der Arbeit Berücksichtigung finden.

Das methodische Vorgehen in der vorliegenden Bachelorarbeit stützt sich zum einen auf eine Besucherbefragung mithilfe eines Fragebogens und zum anderen auf ein Expertengespräch mit einem Verantwortlichen des B-Werkes. Auf quantitativ methodischem Wege ist die Befragung von 49 Besuchern unter Zuhilfenahme eines standardisierten Fragebogens (vgl. MEIER KRUKER/RAUH 2005, S.90f.) der Westwallanlage im September 2011 durchgeführt worden. Nach der Auswertung dieser Befragungen am B-Werk ist ein Gespräch mit dem Experten Egon Scholl, dem Vorsitzenden des für das B-Werk verantwortlichen Vereins für Heimatkunde, initiiert worden. Hierbei konnte sich auf das „problemzentrierte (Leitfaden-)Interview" (ebd., S.65) gestützt werden, indem die Ergebnisse der Besucherbefragung mit Herrn Scholl themenzentriert diskutiert und reflektiert wurden. Gleichzeit konnte Scholl jedoch wichtige Impulse setzen, die zu einer Aufdeckung einiger für die Verfasserin unbekannten Gegebenheiten und zu einer dezidierteren Auseinandersetzung mit den Restaurierungsmaßnahmen am B-Werk geführt haben.

Die zentralen Ergebnisse der Besucherbefragung und des Expertengesprächs werden im letzten Kapitel zusammenfassend betrachtet. Ferner soll ein Ausblick auf potentiell ergiebige Ansatzpunkte für weiterführende Untersuchungen diskutiert werden.

2. Historischer Hintergrund und Fakten des B-Werkes

2.1. Großpolitische Lage und Entstehungsgeschichte des Westwalls

Um einen Einblick in den historischen Kontext des B-Werkes Besseringen am Westwall zu gewähren, sollen im Folgenden einige Ausführungen zur großpolitischen Lage in dieser Zeit, der Entstehungsgeschichte des Westwalls, Anlass und Zeitpunkt des Baus des B-Werkes im Besonderen und die Abgrenzung des Werkes zu anderen Bunkern des Westwalles folgen.

In der Zeit des Mittelalters und der frühen Neuzeit standen stets die punkthafte, in Form von Zitadellen, Burgen, Forts und die kleinflächige Befestigung, in Form von Festungsstädten, im Fokus von fortifikatorischen Bemühungen (vgl. EBERLE 2006, S.1). Lückenlose und systematische Territorialabsicherung schien bis zu Beginn des 20. Jahrhunderts unmöglich und der Erfahrungsschatz über die Möglichkeiten einer linearen Landbefestigung war bis dato gering. Ab dem Zeitpunkt, der durch die Entwicklung von Flugzeugen, beweglichen Panzern und einer mobilen Armee markiert ist, wurden jedoch solche genannten Großfestungen mehr und mehr als ineffizient eingestuft und spätestens nach dem Ersten Weltkrieg wurde über nützlichere Methoden und Möglichkeiten als Instrumente der Landesverteidigung nachgedacht (vgl. ebd.). Denn die aus den Bestimmungen des Versailler Vertrages erwirkte militärgeographische und -politische Lage Deutschlands, sozusagen in der Mitte Europas, führte die Notwendigkeit der Errichtung einer deutschen Landesbefestigung herbei (vgl. BETTINGER/HANSEN/LOIS 2002, S.8). Doch nach EBERLE (2006, S.1) „[schien] die lineare Territorialbefestigung entlang der gefährdeten Grenzabschnitte [...] das probate Mittel zur wirksamen Bekämpfung angreifender Armeen zu sein". Im Verlauf des Zweiten Weltkrieges of-

fenbarte sich jedoch, dass sich dieses trüge-
rische Mittel als nicht zielführend herausstel-
len konnte.

Das B-Werk Besseringen und die gegenwärtige Art der Nutzung bilden den Untersuchungsgegenstand dieser Bachelorarbeit,
dennoch soll an dieser Stelle seine Entstehungsgeschichte sowie die des Westwalls
thematisiert werden. Der geographische Verlauf (s. Abbildung 1) der deutschen Westbefestigungen, die im Laufe der Zeit die Bezeichnung „Westwall" erlangte, schloss die-

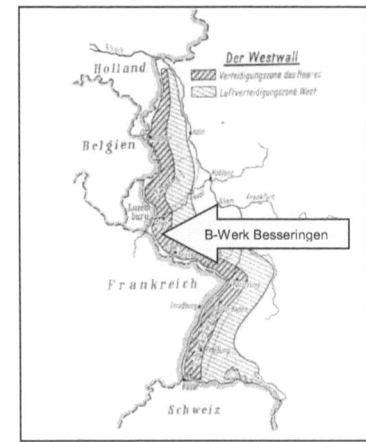

Abbildung 1: Der Westwall
1939/1940
Quelle: HANSEN 2002. S.20

ses B-Werk mit ein. Im Ausbauzustand des Jahres 1940 gestaltete sich der
Verlauf derart, dass die Befestigung am nördlichsten Ausgangspunkt bei Kleve[1] begann und dann in südlicher Richtung der deutsch-niederländischen
Grenze bis Aachen folgte (vgl. HANSEN 2002, S.19). Von dort aus schlängel-
te sich die Befestigungslinie entlang der belgischen und luxemburgischen
Grenze und erstreckte sich parallel zur Saar vorbei an Merzig, wo sich der
Standort des B-Werkes befindet, bis nach Saarbrücken. Von dort aus zog
sich die Befestigung von Zweibrücken über das Hardtgebirge, um sich dann
in der Nähe von Karlsruhe dem Rhein entlang über Freiburg bis nach Basel,
dem südlichsten Punkt des Westwalls, auszudehnen (vgl. ebd.). Somit erstreckte sich der Bau vom Niederrhein nahe Kleve bis Basel auf einer Ge-
samtlänge von rund 630 km (vgl. ebd.).

---

[1] Die Stadt Kleve liegt nordwestlich des Ruhrgebietes an der deutsch-niederländischen Grenze
(Google Maps 2012)

Ein Changieren der Bezeichnungen dieser Befestigungsunternehmungen setzte Ende 1938 ein. Der bis dato übliche Begriff ‚Westbefestigungen' wurde erstmals im November durch die Bezeichnung ‚Westwall' in einem Beitrag der Zeitung NSZ-Rheinfront, der den „Männern vom Westwall" gewidmet war, ersetzt (vgl. THREUTER 2009, S.66). Vermutlich ist der Name ‚Westwall' mit der Zeit mehr und mehr in den Sprachgebrauch der Arbeiter an den Befestigungsanlagen eingegangen und hat sich daraufhin im allgemeinen Usus manifestiert. Hitler verwandte den Begriff im Mai 1939 in einem Tagesbefehl an die Soldaten und Arbeiter der Westfront (vgl. BETTINGER/HANSEN/LOIS 2002, S.21). So fand der Name Westwall seinen Einzug in den Sprachgebrauch der Bevölkerung und wurde für die Propaganda Hitlers und dessen Kriegsführung eingesetzt und ausgeschlachtet (vgl. BÜREN 1977/1979, S. 84).

Im Nachfolgenden soll kurz der chronologische Ablauf der deutschen Westbefestigung skizziert und der Bezug zum B-Werk in Besseringen hergestellt werden. Am 13. Januar 1935 stimmten 88% der Bevölkerung für die Rückgliederung der Saarregion in das deutsche Reichsgebiet (vgl. BETTINGER/HANSEN/LOIS 2002, S.9f.). Zunächst lag das Bestreben, die deutsche Westgrenze zu befestigen, in den Händen des Militärs, insbesondere bei den Festungspionieren. Vorausgegangen war die militärische Wiederbesetzung des entmilitarisierten Rheinlandes am 7. März 1936 von deutscher Seite aus, womit sich Hitler über die Bestimmungen des Versailler Vertrages nach dem Ersten Weltkrieg hinweggesetzt hatte. „Die [entsandte] Inspektion der Festungen" erhielt den Befehl, die Lage der künftig ständigen Befestigungen im Westen des Reiches zu erkunden. Bereits fünf Tage nach der Inspektion, am 12. März 1936, wurde der Befehl erteilt, mit dem Bau von Sperrbefestigungen an den Saarübergängen im Saarland zu beginnen (vgl. ebd., S.10). So wurde das Ziel fokussiert, nach und nach Befestigungen entlang der deutsch-französischen und deutsch-luxemburgischen Grenze entstehen zu lassen, die in einem langfristigen Großbauprogramm zunächst bis 1942 angestrebt wurden. Durch eine angespannte Rohstofflage und entsprechend eingeschränkte Liefermöglichkeiten wurde die Frist jedoch auf 1948 und schließlich 1952 verschoben (vgl. BETTINGER/HANSEN/LOIS 2002, S.11). Die strategische Bedeutung des jeweiligen Abschnittes war ausschlaggebend für die unterschiedlichen Stärken der Befestigungen, sodass nur die Haupteinfallstore, welche „das Prüm- und Nimstal, das Moseltal, Saarburg, Merzig, Zweibrücken, Pirmasens und die Weißenburger Senke zwischen Pfälzer Wald und Bienwald" (BÜREN 1977/1979, S.83) darstellten, für den stärksten festungsmäßigen Ausbau vorgesehen waren (vgl. ebd.).

Im Saarland entstanden dem sogenannten „Pionierbauprogramm – also die Planung und der Bau militärischer Befestigungsanlagen" (FUHRMEISTER 2003, S.32) nachkommend bis Mai 1938 etwa 400 Bunker. Einfache Kampfstände mittlerer Ausbaustärke (maximal B1 = 1m Wandstärke) wurden von Saarhölzbach saaraufwärts bis Beckingen und einzelne Bunker mit geringerer Stärke (C und D = 60 und 30 cm Wandstärke) an verschiedenen Übergangsstellen im Saartal oberhalb von Beckingen befestigt (vgl. ebd.).

In den ersten Monaten des Jahres 1938 wurde der Bau des B-Werkes Besseringen in der Region Merzig mit der Bezeichnung ‚N38401' angeordnet und begonnen (vgl. BÜREN 1977/1979, S.84). Ein Unterschied zu anderen Anlagen, die nur im Ernstfall von der Feldtruppe besetzt werden sollten, liegt in einer ständigen Besatzung von ca. 90 Mann. Dies begründet sich in den technisch aufwändigen Einrichtungen des B-Werkes Besseringen. Eine der weiteren Besonderheiten findet sich in der individuellen Bauweise des B-Werkes, auf die im nächsten Kapitel näher eingegangen wird. Es offenbart sich ein Gegensatz zu den meisten anderen Bunkern am Westwall, bei denen nach einheitlichen Typmustern (Regelbauten) gestrebt wurde. Weitgehend außergewöhnlich waren diese Anlagen mit der benennenden Ausbaustufe ‚B'

(1937; 1,50 m Wand-/Deckenstärke), denn von den zwischen 1936 und Mai 1940 entstandenen 14.500 Bunkeranlagen am Westwall wurden nur 32 als B-Werke angefertigt (vgl. BÜREN 1977/1979, S.83). Laut des Autors BÜREN (ebd., S.84) „nehmen demnach [B-Werke] unter den Bauten der deutschen Westbefestigungen eine herausragende Stellung ein. In ihnen wurde alles vereinigt, was den höchsten Stand der deutschen Festungsbaukunst zu dieser Zeit ausmachte".

Diese exponierte Stellung schwand jedoch im Mai 1938 schlagartig, als mit dem massiven Eingreifen der politischen Führung der Bau der deutschen Westbefestigungen eine ganz neue Dimension annahm. Während man unter anderem mit dem Bau des Werkes in Besseringen beschäftigt war, änderte sich die politische Lage (vgl. ROHDE 1997, S.47). Ausschlaggebend waren der Zeitpunkt der Mobilisierung der Tschechoslowakei gegen die Deutschen und der Entschluss Frankreichs, den Tschechoslowaken im Falle eines deutschen Einzugs beizustehen. Hitler gelangte zu der Ansicht, mit dem derzeitigen Zustand der deutschen Wehrbefestigungen sowohl seine Annexionsabsichten nicht verfolgen zu können als auch sich Rückendeckung verschaffen zu müssen. Daraufhin befahl er mit der Frist zum 1. Oktober 1938 den Bau von 1.800 Schartenständen und 10.000 Unterständen bzw. Bunkern unter der zivilen, aber paramilitärisch organisierten Bauleitung des „Generalinspektors für das deutsche Straßenwesen" Todt im Westen des Reiches (vgl. BÜREN 1977/1979, S.84 und BETTINGER/HANSEN/LOIS 2002, S.19).

Mit diesem Wechsel der Zuständigkeit der Organisation wurde im Juni 1938 der weiterführende Bau unter der Benennung ‚Limes-Bauprogramm', in Anlehnung an den römischen Grenzwall, forciert (vgl. THREUTER 2009, S.27). Es sollte der Effizienz wegen die zeit- und arbeitsintensive Herstellung der zahlreichen differenzierten Sonder- und Großbauformen aufgehoben werden und sich auf neue, für die standardisierte Massenfertigung durch Typisierung geeignete Regelbauten konzentriert werden. Der Weiterbau der Westbefestigung wurde mit diesen modernen Rationalisierungsmaßnahmen und der Erkundung und Festlegung der Bunkerstandorte von den Festungspionieren durchgeführt (vgl. ebd., S.28ff.). In den darauffolgenden Monaten des Jahres 1936 verwandelten über 200.000 Bauarbeiter die deutsche Westgrenze auf Befehl Hitlers in eine große Baustelle (vgl. BÜREN 1977/1979, S.84).

Fortan fokussierte sich das Interesse Hitlers auf den Befestigungsbau am Westwall. Dies zentralisierte sich in der 1938 verfassten „Denkschrift zur Frage unserer Festungsanlagen", die er mit seinen Erfahrungen als Frontsoldat im Ersten Weltkrieg legitimierte. Das Prinzip aufwendiger Werke wie beispielsweise an der Maginotlinie[2] verdammt Hitler darin zugunsten von zahlreichen kleineren Einzelbauten (vgl. THREUTER 2009, S.29). Mit dem Konzept der „Dezentralisierung der Abwehr" sollten in der Umsetzung kleinerer Unterstände und Bunker bis zu zehn Mann Besetzung eine größere Sicherheit „in der Kleinheit und in der Tarnung" (ebd.) finden. Der Ausbau der Aufrüstungen an den Westbefestigungen folgte selbstverständlich den Vorstellungen Hitlers (vgl. BÜREN 1977/1979, S.85).

Eine folgenschwere Konsequenz der Fokussierung auf zahlreiche kleine Einzelbauten, wie sie in der Denkschrift als notwendig skizziert wurden, war der geringere Baufortschritt an den B-Werken, die sich ursprünglich durch individuelle Beschaffenheit abheben sollten. Für die neuen Bauten des Westwalls, die nun alle mit der Ausbaustärke ‚B' angeordnet wurden, erleichterten neue Regelbautypen die Massenfertigung von teilweise mehr als 1.000 Bunkern pro Typ (vgl. THREUTER 2009, S.29ff.).

---

[2] Mit der Maginotlinie verteidigte im Zweiten Weltkrieg Frankreich seine Ostgrenze. Deren Bau wurde 1925 angeregt, der Hauptbefürworter dieser Linie war Andre Maginot und 1940 wurde der Bau beendet. Die Maginotlinie bestand aus einer Serie von Werken. Ihre massiven Befestigungen waren mit einem zementierten Fundament und mit Panzerabwehr- und automatischen Waffen ausgestattet. Durch diese massiven Werke war es dem Gegner nur schwer möglich, die Maginotlinie zu durchbrechen. (vgl. HANSEN 2002, S.14f.)

Mit dem Bau von Gruppenunterständen, Nachrichtenständen, Anlagen für Artilleriebeobachtung und Geschützständen erfuhr das Limes-Bauprogramm im Herbst 1938 eine bedeutende Erweiterung. Diese wurde in einer Rede von Hitler auf dem Befreiungsfeld in Saarbrücken, zwecks einer Einbeziehung von Saarbrücken und Aachen in den Schutz der Westbefestigungen, verkündet. Am 26. Oktober war die Planung der gedachten Linie von Beckingen über Saarbrücken-Brebach-Niederwürzbach abgeschlossen und die geplante Befestigungslinie konnte den bisherigen Vorstellungen folgen (vgl. BETTINGER/ HANSEN/LOIS 2002, S. 20).

Als nach den Einschränkungen des Winters 1939 die Bauarbeiten von Beckingen bis Saarbrücken in Gang kamen, lagen verbesserte Bautypen einer verstärkten Baustärke ‚B' mit einer Wandstärke von 2 m vor. Dies führte zu dem paradoxen Zustand, dass nach BÜREN (1977/1979, S.85) ab jener Zeit „jeder Standardbunker einen besseren Schutz besaß als die aufwendigsten Bauten des Befestigungssystems, die B-Werke". Zusätzlich wurde die Entwertung der „besonderen" B-Werke, die zu diesem Zeitpunkt aufgrund mangelnder Lieferung der wesentlichen Ausstattungsteile immer noch nicht fertiggestellt waren, durch die ab Sommer 1939 eingeführte Ausbaustärke ‚A' bei einzelnen Bunkern einfacher Bauart verstärkt (vgl. ebd.).

Am B-Werk Besseringen war die Montage des Maschinengranatenwerfers und die Elektroinstallation für den Jahreswechsel 1938/1939 vorgesehen, wobei davon ausgegangen werden kann, dass, wie es bei anderen B-Werken auch der Fall war, in Besseringen die angesetzten Termine wegen Materialknappheit nicht eingehalten werden konnten (vgl. FUHRMEISTER 2003, S.33). Weiterhin kann dieser Engpass der angespannten Materiallage durch den Einsatz einer nur 100 mm statt einer vereinbarten 200 mm starken Panzerplatte in der Scharte an der Eingangsverteidigung registriert werden. Fest steht, dass am 7. Dezember, erst knapp vier Monate nach Kriegsbeginn, die

Bauabnahme und am 19. Dezember 1939 die Abnahme der Maschinenanlage des B-Werkes-Besseringen erfolgen konnten (vgl. ebd.).

Zu diesem Zeitpunkt war die technische Entwicklung der B-Werke allerdings längst unzeitgemäß. Gemessen am Aufwand im Inneren des Werkes waren sie zu wenig von außen geschützt und mangelhaft bewaffnet. Die gewandelten Ansichten, die zuvor ihre Erwähnung fanden, führten zu der Konsequenz, dass das B-Werk schon wenige Monate nach dessen Baubeginn veraltet war (vgl. BÜREN 1977/1979, S.85).

Doch nichts desto trotz bleiben die B-Werke wegen der Bauweise und Ausrüstung die bemerkenswertesten Bauten des Westwalls (vgl. ebd., S.85). Obwohl der Fokus dieser Arbeit nicht auf der detaillierten technischen Aufarbeitung des Bauwerkes liegt, soll doch aufgrund des Alleinstellungsmerkmales hinsichtlich der Erhaltung an der Westwalllandschaft im Folgenden kurz auf bautechnische Besonderheiten des B-Werkes Besseringen eingegangen werden.

2.2. Beschaffenheit des B-Werkes Besseringen

Die dreistöckige Anlage besitzt eine Grundfläche von 24,60 m x 17,80 m und somit „umfasst das militärische Baudenkmal eine Gesamtfläche von rund 483 m^2" (MALBURG/SCHOLL 2006, S.107). Die Geschosshöhe beträgt 2,50 m und es sind 1,50 m mächtige Außendecken mit Stahlbeton zu verzeichnen. Insgesamt beträgt die Höhe 12 m, von denen zwei Drittel im Erdreich liegen und an der Oberfläche nur der Eingangsbereich mit der 3 m hohen freiliegenden Rückwand und die Panzerkuppeln wahrzunehmen sind. Der Betonbau wurde mit einer kubischen Bewehrung aus 12 mm Rundstahl und einem Maschenabstand von 20 cm ausgestattet. Ein Vergleich mit dem meistgebauten Westwallbunker (der Unterstand Regelbautyp 10), der ein Betonvolumen von

287 m^3 aufwies, demonstriert die Wuchtigkeit des B-Werkes, welche mit 2800 m^3 Betonvolumen unter der Verwendung von 1120 t Zement, 5400 t Sand und Kies und 200 t Stahl (ohne Panzerteile) beinahe zehnmal mächtiger ist (vgl. Büren 1977/1979, S.86 und MALBURG/SCHOLL 2006, S.107).

Um den Grundriss des Werkes besser verdeutlichen zu können, soll dieser in einer Skizze der 44 Räume visualisiert werden.

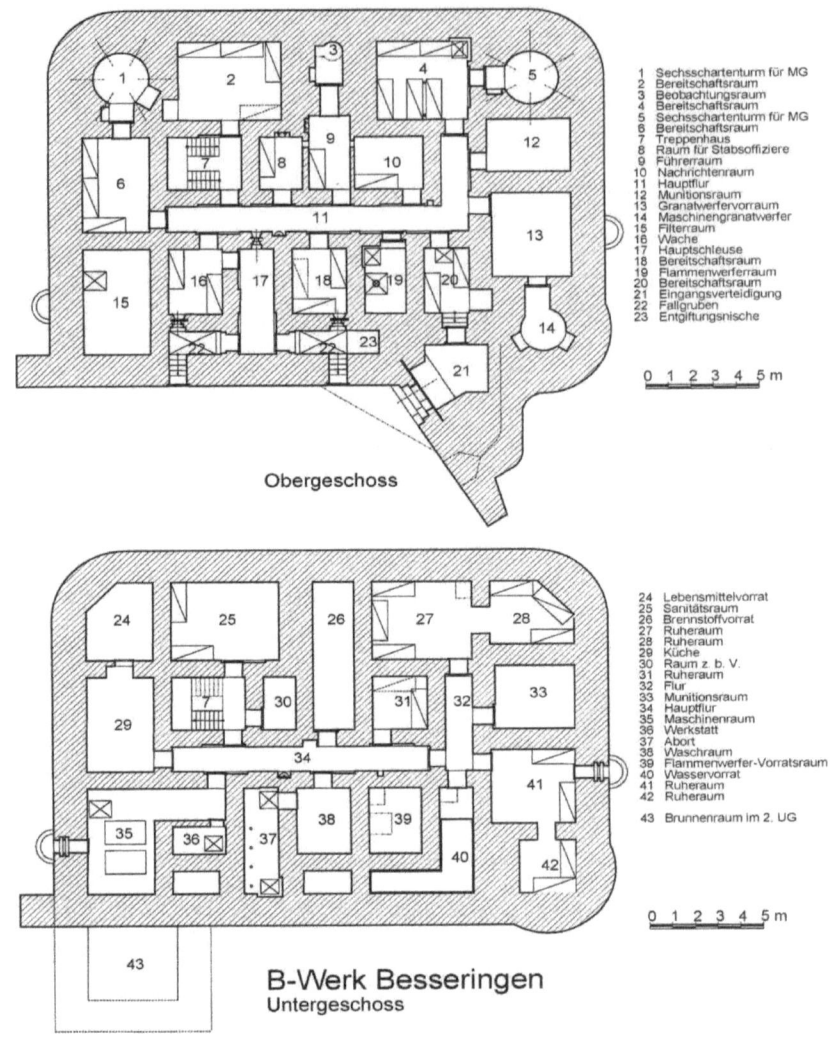

Obergeschoss

1 Sechsschartenturm für MG
2 Bereitschaftsraum
3 Beobachtungsraum
4 Bereitschaftsraum
5 Sechsschartenturm für MG
6 Bereitschaftsraum
7 Treppenhaus
8 Raum für Stabsoffiziere
9 Führerraum
10 Nachrichtenraum
11 Hauptflur
12 Munitionsraum
13 Granatwerfervorraum
14 Maschinengranatwerfer
15 Filterraum
16 Wache
17 Hauptschleuse
18 Bereitschaftsraum
19 Flammenwerferraum
20 Bereitschaftsraum
21 Eingangsverteidigung
22 Fallgruben
23 Entgiftungsnische

24 Lebensmittelvorrat
25 Sanitätsraum
26 Brennstoffvorrat
27 Ruheraum
28 Ruheraum
29 Küche
30 Raum z. b. V.
31 Ruheraum
32 Flur
33 Munitionsraum
34 Hauptflur
35 Maschinenraum
36 Werkstatt
37 Abort
38 Waschraum
39 Flammenwerfer-Vorratsraum
40 Wasservorrat
41 Ruheraum
42 Ruheraum

43 Brunnenraum im 2. UG

B-Werk Besseringen
Untertgeschoss

Abbildung 2: Grundriss des B-Werkes
Quelle: BÜREN 2006, S.65

Abbildung 2 ist zu entnehmen, dass zwei Eingänge in der Rückfront des Werkes existieren. Beide sind mit Panzertüren und integrierten kleinen Schießscharten und Mannlochöffnungen versehen. Beim Betreten des Werkes stößt man sogleich auf eine Schießscharte, die ebenso wie die 3,30 m tiefe Fallgrube hinter der Eingangstür vor einem ungewollten Eindringen schützen sollte (vgl. BÜREN 1977/1979, S.88). Der feindlichen Macht konnte zusätzlich der Schutz vor Gasangriffen mit Kampfgas mithilfe einer aufwendigen Lüftungsanlage entgegensetzt werden. Ergänzend war es mithilfe von gasdichten Türen und Schartenverschlüssen möglich, das Werk nach außen hin gasdicht abzuschließen und im Inneren einen leichten Überdruck durch gefilterte Frischluft, abgesichert durch eine Notlüftung, herzustellen. Eine weitere Schutzmaßnahme bildete die Entgiftungsnische neben der rechten Fallgrube (vgl. ebd., S.94).

Der dauerhaften Besatzung von 90 Mann waren im Panzerwerk 44 Räume, die auf drei Stockwerke verteilt sind, verfügbar gewesen. Diese waren, wie in der Graphik sichtbar, beispielsweise ein Maschinenraum für Stromerzeugung und Lüftung, Vorratsräume für Wasser, Lebensmittel und Munition, ein eigener Brunnenraum, eine Küche, ein Waschraum mit Toilettenanlagen und ein Sanitätsraum. „Im Obergeschoß liegen im Wesentlichen die [in einem langen Flur miteinander verbundenen] Kampf-, Führungs- und ‚Bereitschaftsräume' (Unterkunftsräume), während im Untergeschoß die Ruheräume, Versorgungseinrichtungen und Vorräte untergebracht sind" (ebd., S.88). Als die Funktionsetage gilt die 3. Etage, die nur partiell existent die Brunnenstube mit Filteranlage und eine Abwasseranlage beinhaltet (vgl. MALBURG/SCHOLL 2006, S.108).

2.3. Militärische Ausrüstung des B-Werkes

Die Bewaffnung bestand neben den Handwaffen der Besatzung aus 5 Maschinengewehren und aus zwei Festungssonderwaffen, wie sie nur in den

B-Werken existierten: ein Maschinengranatwerfer und ein Festungs-Flammen-
werfer (vgl. BETTINGER/HANSEN/LOIS
2002, S.115).

Von den Maschinengewehren befand
sich ein Exemplar an der Eingangsverte-
digung in Raum 21, mit der Aufgabe die
Eingänge in das Werk zu decken und die
anderen vier wurden in den beiden
Sechsscharten-Panzertürmen von Raum 1 und 5 eingesetzt.

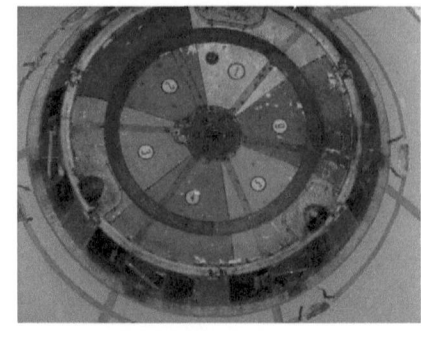

Abbildung 3: Foto - Erhaltener Sechs-
scharten-Panzerturm im B-Werk
Quelle: Knauber 2011

Die Sechsschartenpanzertürme mit der Bezeichnung ‚20P7' sind Panzerglo-
cken aus Stahlguss mit sechs rundum angeordneten Scharten, deren Ge-
samthöhe von 2,60 m zur einen Hälfte aus der Betondecke und zur anderen
Hälfte aus der beschütteten Oberfläche des Werkes herausragt (vgl. BÜREN
1977/1979, S.88). Der Innendurchmesser von 2,25 m und das Gewicht von
51 t machen diese Panzertürme zu herausragenden Maschinen der damaligen Zeit. Als Bewaffnung standen hier zwei ‚MG34' (Maschinengewehre) zur
Verfügung, die auf einer kreisförmigen Fahrbahn auf der Innenwand des
Panzerturms von einer Scharte zur anderen gefahren werden konnten (vgl.
ebd., S.89). Desweiteren konnte eine Rundumbeobachtung durch drei Win-
kelfernrohre ermöglicht und somit ein 360°-Blickwinkel gewährleistet werden
(vgl. ebd.).

An der Oberfläche des Werkes ist heute noch der Panzerturm des Maschinengranatwerfers zu sehen, wobei seine Decke kaum über den Boden ragt.
Dieser erlangt ein Alleinstellungsmerkmal, denn er ist der einzige seiner Art,
der bis heute in der Zone des Westwalls erhalten geblieben ist. Der Innendurchmesser verbreitert sich auf einer 2,60 m langen Strecke von 1,70 m

oben bis auf 2,00 m unten (vgl. ebd., S.89). Das Eigengewicht beträgt 26 t, mit der Waffe selbst und anderen eingebauten Gegenständen 39 t. Der Maschinengranatwerfer war eine Waffe, die am Westwall aufgrund ihrer aufwändigen Beschaffenheit nur in den B-Werken eingebaut worden ist (vgl. ebd., S.90). Für die Besatzung des Panzerturms musste ein immenser Personalaufwand von 16 Mann, von denen es alleine acht Mann zur Anwendung dieser komplizierten Gerätschaft bedurfte, betrieben werden. Der wirksame Feuerbereich dieser Waffe betrug 600 m, womit das gegenüberliegende Saarufer beschossen werden konnte. Eine weitere Besonderheit des Maschinengranatwerfers zeichnete sich in der hohen Feuergeschwindigkeit im Gegensatz zu kleineren Kalibern aus (vgl. ebd. S.90).

Der Mündung des Festungsflammenwerfers ist heute an der Oberfläche nicht mehr zu sehen. Die Wirkung dieser Waffe ist mit einem Feuerstrahl, der maximal 90 Sekunden mithilfe von 120 l Flammöl andauerte, über eine Entfernung von maximal 40 m zu auszumachen (vgl. ebd.). Der Flammwerfer diente der Nahverteidigung und sollte den Feind bekämpfen, welcher längst auf die Werkoberfläche vorgedrungen ist. Ebenso wie bei den Sechsscharten-Panzertürmen ist die Waffe nur in B-Werken eingebaut worden, aber „sie war […] eine solch furchtbare Waffe, daß man in den bekanntgewordenen Kämpfen um B-Werke im Frühjahr 1945 wohlweislich auf den Einsatz verzichtete" (ebd., S.91). Heute weist der Flammenwerferraum aufgrund einer offensichtlich stattgefundenen Explosion als Einziger des Panzerwerkes Besseringen stärkere Beschädigungen auf.

Eine bestehende Kraftversorgung war die Voraussetzung für das Funktionieren aller Waffen und Einrichtungen des Werkes. Die eigene interne Stromerzeugung musste im Ernstfall die bestehende Speisung aus dem öffentlichen Stromnetz ersetzen. Über eine Höhe von 5,80 m und zwei Geschossen erstreckt sich der Maschinenraum. „Herzstück der Maschinenanlage waren 2 wassergekühlte Vierzylinder-Viertakt-Dieselmotoren von 38 PS, die je einen Drehstromgenerator antrieben" (ebd. S.93). Die Generatoren waren dafür vorgesehen, dreiphasigen Wechselstrom von 380 V zu erzeugen, welcher direkt für den Antrieb einiger Elektromotoren, die elektrische Heizung, Warmwasserbereitung und den Kochkessel der Küche eingesetzt werden konnte (vgl. ebd.).

Ferner zu erwähnen ist die gut ausgestattete Nachrichtenanlage, die sich durch Fernsprechapparate und direkten Leitungen im Nachrichtenraum 20 zwischen den Waffentürmen und den zugehörigen Bereitschaftsräumen aus-zeichnete (vgl. ebd., S.95). Die Wasserversorgung konnte durch den eigenen Brunnen im zweiten Untergeschoss und mithilfe einer elektrischen Pumpe in den verschiedenen Räumen des Werkes sichergestellt werden (vgl. ebd., S.96). Für die Dauer von 30 Tagen selbstständiger Kampfführung und dem autarkem Aufenthalt der Besatzung war das B-Werk eingerichtet worden. Gewährleistet werden konnte dies durch die Lagerung von Wasser, Lebens-mittel, Öl und Munition in den Vorratsräumen des Untergeschosses (vgl. ebd., S.95f.).

2.4. Situation während und nach dem Zweiten Weltkrieg am B-Werk

An dieser Stelle sollen kurz die weitreichenden Folgen der deutschen West-grenzenbefestigung erläutert werden. Der Westwall als eine Befestigungsan-lage gegenüber Frankreich hatte weitreichende Folgen, wie beispielsweise die Ermöglichung des Überfalls auf Polen und daraus resultierende Konse-quenzen wie der NS-Lebensraumpolitik im Osten, der zweimaligen Evakuie-rung und den Kriegshandlungen und Zerstörungen von 1939/1940 und 1944/1945. Um den Zusammenhang des Westwalls mit den sozialen Auswirken noch differenzierter zu betrachten, sollten Gegebenheiten wie bspw. die geringe Entlohnung und mangelhafte medizinische Versorgung der Arbeiter, die schlechten Arbeitsbedingungen, die folgenden Arbeitsverweigerungen und Streiks der Arbeiter am Westwall an dieser Stelle Erwähnung finden. (vgl. ELFERT 2008, S.111)

Die eigentliche Bedeutung des Westwalls lag mehr in der propagandistischen als in der militärischen Funktion. Denn der als „unüberwindbares Bauwerk aus Stahl und Beton" beworbene Westwall hätte vermutlich weder 1939 noch 1945 einen grenzüberschreitenden Krieg abwehren können (vgl. ebd.). „Vor allem [...] entstand die mediale Konstruktion des Westwalls erst mittels einer Vielzahl unterschiedlichster propagandistischer Aktivitäten" (ebd., S.111). Kolumnen und Bildgeschichten in Zeitschriften, das Verleihen von „Schutzwall-Ehrenzeichen" und das Austeilen von „Westwallkrügen" sollten das Image des Westwalls in der Bevölkerung wachsen lassen (vgl. ebd., S.112).

Um von dieser Makroebene den Blick wieder auf die Mikroebene des Standortes B-Werk in Besseringen zu richten, kann nach FUHRMEISTER konstatiert werden, dass nachdem im Dezember 1939 das Werk fertiggestellt worden war, Truppen das Werk besetzten (vgl. 2003, S.33f.). Bis auf wenige Spähtrupptätigkeiten fanden um das B-Werk in Besseringen keine Kampfhandlungen statt. Im Zeitraum von Juni 1940 bis Oktober 1944 wurde die Besatzung wieder abgezogen und die technische Betreuung und Wartung der Anlage leitete ein Festungspionier-Unteroffizier, der eine spezielle Ausbildung absolviert hatte (vgl. ebd.). Im Herbst des Jahres 1944 zog aufgrund der näher rückenden Front wieder eine Bunkerbesatzung ein. Doch schon Mitte 1945, etwa zwei Monate vor dem Kriegsende, wurde das B-Werk von seiner Besatzung mit der Intention, sowohl dem Eindringen der US-Truppen zuvorzukommen als auch die Ausrüstung und Waffen vor den Gegnern zu schützen, geräumt (vgl. ebd.).

Es ist anzunehmen, dass nach Ende des Krieges alle Gegenstände, die brauchbar und nützlich erschienen, von Zivilisten und anschließend auch von Schrotthändlern aus dem Werk geschafft worden sind (vgl. ebd. S.35). Bedauerlicherweise sind nach Ende des Kriegsgrauens noch zwei tote Menschen zu verzeichnen gewesen. Einem behördlichen Bunkerräumtrupp angehörend, hantierten sie im April 1947 unsachgemäß mit Granatwerfermunition und austretende Gase des sich im Keller befindlichen 2500 l Flammöltank führten zu einer enorm starken und tödlichen Verpuffung (vgl. ebd.).

Rückblickend betrachtet ist es der saarländischen Bevölkerung zu verdanken, dass heute noch detaillierte Angaben über das B-Werk gemacht werden können. Ursprünglich kam von Seiten des Alliierten Kontrollrates im Dezember 1945 die Anordnung zur Zerstörung aller deutschen Befestigungswerke. Daraufhin sind bis zum Jahr 1948 von ca. 4.100 Bunkern 3.228 Westwallanlagen gesprengt worden. Eventuell aus mehreren Fällen wie dem des geschilderten Unglückes resultierend, hat sich Widerstand und Protest der saarländischen Bevölkerung gegen diese Maßnahmen derart verschärft, dass am 1. September 1948 die Arbeiten zur Sprengung der ehemaligen Festungsanlagen eingestellt wurden. 500 - 600 Bunker des Westwalls konnten durch die Interventionen erhalten bleiben. Infolgedessen besitzt das B-Werk in Besseringen, welches als einziges seiner Art in der Substanz noch völlig erhalten ist, ein Alleinstellungsmerkmal und konnte Gegenstand dieser Arbeit werden (vgl. BETTINGER/HANSEN/LOIS 2002, S.52 und vgl. FUHRMEISTER 2003, S.104ff.).

Bis zum Jahr 1950 stand das Werk offen und war weiteren Plünderungen ausgesetzt. Die Maßnahmen staatlicher Stellen zur Gefahrenabwehr hatten laut FUHRMEISTER (vgl. 2003, S.112) durch die Betreuung von Sacharbeitern mit geringer Fachkenntnis nur wenig Effizienz. Beispielsweise konnte belegt werden, dass eine am Werk provisorisch angebrachte Gittertür 1966 erstmals aufgebrochen worden ist (vgl. ebd., S.35). Nach der Freilegung des mit der Zeit stark von Pflanzen zugewucherten Werkes konnten Anspülungen von Regenwasser und zivile Plünderungen im Innenbereich festgestellt werden. Initiator dieser Freilegung war die Reservistenkameradschaft Merzig (vgl. MALBURG/SCHOLL, S.108). Nachdem im Sommer 1997 die Genehmigung hierfür erteilt wurde, machten sich die Reservisten nach den Autoren MALBURG und SCHOLL durch ihre tatkräftige Unterstützung bei Räumungs- und Sicherungsarbeiten der inzwischen übererdeten Anlage verdient (vgl. 2006. S.108). Auf diese Weise konnte das Werk erstmals eingängig untersucht werden, worauf die zuvor erläuterten Angaben über die technischen Details und die Ausstattung der Werkräume teilweise erst möglich geworden sind.

3.   Restaurierungsmaßnahmen am B-Werk

Der Vorsitzende des Vereins für Heimatkunde, Egon Scholl, war freundlicherweise im Januar 2012 bereit, mit der Verfasserin der vorliegenden Arbeit ein Gespräch über die Restaurierungs- und Inwertsetzungsmaßnahmen sowie die besucherorientierte Nutzung des B-Werkes zu führen. Die Anlage ist kurz nach dem Erscheinen des mehrmalig zitierten Aufsatzes von Martin BÜREN (1977/1979, S.83-97) und auf dessen und Dieter Robert Bettingers Initiative unter Denkmalschutz gestellt worden (vgl. SCHOLL 2012, mdl.). Nach der Freilegung des B-Werkes Besseringen im Jahr 1997 kamen immer wieder Diskussionen um die Zukunft der denkmalgeschützten Anlage auf (vgl. MALBURG/SCHOLL, S.108). Der Anlass dieser Diskurse zentrierte sich in der weiteren Vorgehensweise bezüglich der Nutzung des Werkes. Weiterhin war sowohl das Staatliche Konservatoramt[3] als auch die Durchführung eines „Tag des offenen Denkmals" 1998 ausschlaggebend für das „Ansehen" des B-Werkes und lenkte zu einer positiven Diskussion bezüglich der Inwertsetzung hin (vgl. ebd.). Um Gelder zu einer musealen Gestaltung zu erhalten, sollte die Ausarbeitung eines konkreten Konzeptes erfolgen. So stand im Jahre 2001 das Gesamtkonzept für die Inwertsetzung fest. Eine Arbeitsgruppe, bestehend aus der Stadt Merzig, dem Staatlichen Konservatoramt, der damaligen Unteren Denkmalschutzbehörde, der Reservisten-Kameradschaft Merzig und dem Verein für Heimatkunde, hatte beim Wirtschaftsministerium des Saarlandes ein solches Rahmenkonzept eingereicht und die Zuschüsse für die Anlage im Jahr 2003 erwirkt (vgl. ebd., S.108f.).

SCHOLL konnte bekräftigen, dass die Stadt Merzig 2002 den Verein für Heimatkunde beauftragt hat, die Restaurierungsarbeiten am B-Werk anstelle der Reservisten-Kameradschaft fortzusetzen (vgl. 2012, mdl.). Diese waren nicht mehr in der Lage, die Arbeiten zu vollenden, da jene Tätigkeiten nicht in den Satzungen des Vereins verankert waren (vgl. ebd.). Daraufhin kam es zu Problemen und Widerständen innerhalb und außerhalb der Gruppierung. Nachdem ein neuer Vorstand der Kameradschaft gewählt worden war, wurde die Einstellung der Arbeiten am B-Werk beschlossen (vgl. ebd.).

Der Verein für Heimatkunde Merzig bzw. eine Arbeitsgruppe, die für die Restaurierung des B-Werkes in Besseringen initiiert worden ist, arbeitet seither jeden Samstag mindestens vier Stunden mit fünf bis sechs Personen an der Restaurierung. All diese Arbeiten werden von den insgesamt zehn Mitgliedern, von denen drei Mitglieder der zuvor zuständigen Reservisten-Kameradschaft und sieben Mitglieder der Arbeitsgruppe des Vereins für Heimatkunde zugehörig sind, ehrenamtlich durchgeführt. Positiv zu vermerken

---

[3] Das Staatliche Konservatoramt wurde 2006 als eine Stabstelle „Landesdenkmalamt" Teil des Ministeriums (vgl. MARSCHALL 2006, S.86).

ist die junge Altersstruktur dieser Arbeitsgruppe. Herr Scholl ist der Vorsitzende und kann mit zwei 21-jährigen und sieben Mitgliedern im Alter von 30 - 40 Jahren auf eine konstruktive Hilfe bei den Restaurierungsarbeiten zählen. Das Engagement der Arbeitsgruppenmitglieder reicht achtenswerterweise so weit, dass sogar sieben Mitglieder zusätzlich zu den Restaurierungsarbeiten Führungen zu den sonntäglichen Öffnungszeiten für Besucher durchführen dürfen und die gruppeninterne Berechtigung dazu erlangt haben (vgl. SCHOLL 2012, mdl.).

Seit 2003 bilden „die baulichen Zeugnisse [...] einen neuen Schwerpunkt der Inventarisation und Baudenkmalpflege des Landesdenkmalamtes im Saarland" (MARSCHALL 2006, S.86) Der Aufruf zum Schutz des Westwalls wurde ab dieser Zeit aktiv aufgenommen (vgl. ebd.). So stieß das Ansinnen, das B-Werk zu erhalten, beim Landesdenkmalamt auf große Akzeptanz. Das dem Ministerium vorgelegte Konzept beinhaltet zwei Schwerpunkte, auf die sich bei der Inwertsetzung der ehemals größten und kampfstärksten Westwallanlage und der Ermöglichung einer öffentlichen Zugänglichkeit konzentriert werden soll: Das B-Werk als ein „Mahnmal gegen Krieg und Gewalt" und als „Westwall- und Bunkermuseum" (vgl. MALBURG/SCHOLL 2006, S.109).

Die Präsentation „Mahnmal gegen Krieg und Gewalt" in diesem historischen Gebäude besitzt den Anspruch, den Besuchern zu verdeutlichen, dass das B-Werk ausschließlich für den Krieg geplant, gebaut und eingerichtet wurde (vgl. SCHOLL 2012, mdl.). Als Teil einer riesigen, von Hitler initiierten Kampfmaschine befand es sich zur damaligen Zeit auf annähernd höchstem technischem Niveau und sollte unter anderem seine Aufgabe als Tötungsmaschine effektiv ausführen (vgl. ebd.). Den rassistischen Vernichtungskriegen des nationalsozialistischen Deutschlands von 1939-1945 fielen insgesamt 50 Millionen Menschen zum Opfer (vgl. FINGS 2008, S.115).

Mit der authentischen Rekonstruktion des Panzerwerkes sehen sich die zuständigen Institutionen geradezu verpflichtet, auf die Folgen und die Gewalt im Krieg hinzuweisen. Die Dokumentation demonstriert zudem das Leid, das in der Region des Kreises Merzig-Wadern im Zeitraum von 1935-1945 herrschte. Im Gespräch erklärte SCHOLL, dass mit der authentischen Rekonstruktion des B-Werkes das Ziel anvisiert wird, in den Besuchern die Erkenntnis auszulösen, dass ähnliche Geschehnisse zur Zeit des Nationalsozialismus nie wieder stattfinden dürfen (vgl. 2012, mdl.). Die angestrebten Planungen hinsichtlich des Mahnmalcharakters konnten laut SCHOLL im Zeitraum von 2005 bis 2011 fertiggestellt werden, sodass Präsentationstafeln mit den folgenden Inhalten ausgearbeitet worden sind:

1. Zeitgenössische Propaganda für den Westwall
2. Kriegshandlungen im Bereich des Westwalls (Region Merzig-Wadern)
3. Verluste der Zivilbevölkerung und Munitionsunglück 1947
4. Verfolgung und Widerstand im Kreis Merzig-Wadern
5. Zusammenarbeit mit den ehemaligen Kriegsgegnern: Franzosen an der Maginotlinie, Amerikaner am Orscholz-Riegel

Die Konfrontation des Besuchers mit Kriegshandlungen in unmittelbarer Nähe des B-Werkes, die politische und rassistische Verfolgung durch den Nationalsozialismus und die Auskunft über die während und nach dem Zweiten Weltkrieg getöteten Zivilisten aus fast allen Orten des Kreisgebietes stellt den Zielrahmen der Bestrebungen zu einem „Mahnmal gegen Krieg und Gewalt" dar (vgl. MALBURG/SCHOLL 2006, S.109).

Der zweite Schwerpunkt des Inwertsetzungskonzeptes liegt in der Präsentation des B-Werkes als „Westwall- und Bunkermuseum". Auf diese Weise wird die Einordnung in die nationalsozialistische Ideologie, mittels Ausführungen über Planung und Ausbaustand des Westwalles im Bereich des Kreises Merzig-Wadern, demonstriert. Speziell über die Eigengeschichte des B-Werkes hinsichtlich „Planung, Bau, Funktion der Räume, Waffen usw." (ebd.) wird Auskunft gegeben. Die museale Gestaltung sah laut SCHOLL vor, in Absprache mit dem Staatlichen Konservatoramt verschiedene Räume des B-Werkes wieder dementsprechend herzustellen, wie sie möglicherweise 1939/1940 ausgesehen hatten und sich dabei immer der authentischen Rekonstruktion zu verpflichten (vgl. SCHOLL 2012, mdl.). In der Zeit bis heute konnte die Arbeitsgruppe des Vereins für Heimatkunde verschiedene Räume im Untergeschoss authentisch rekonstruieren und den Besuchern den Zugang zum Sanitätsraum, der Küche und dem Waschraum ermöglichen (vgl. ebd.).

In den beiden Ruheräumen (Räume 40 und 41) wird mithilfe der musealen Gestaltung und Rekonstruktion versucht, dem Besucher die Wohnsituation der ehemals dort untergebrachten Soldaten erlebbar zu machen. Hier konnte das Originalinventar

Abbildung 4: Fotos - Im Werk erhaltener und rekonstruierter Ruheraum
Quelle: Knauber 2011

wie Betten, Hängeschränke, Lüfteranlage sowie das Trink- und Essgeschirr aus anderen Bunkern gewonnen werden. Zusätzlich soll an dieser Stelle der positiv zu vermerkende Umstand Erwähnung finden, dass von der Präsentation des Bunkers „als kampfbereite, intakte Gefechtsstation" mit einer aufwändigen „Re-Inszenierung und Ausstattung mit Einrichtungs- und Waffentechnik" (MÖLLER 2008, S.29) Abstand genommen worden ist. So können inszenatorische Mittel wie Waffen und Munition als Besucherstimulus, Identifikationsstiftung statt Distanz und die Dekontextualisierung der Objekte durch die Konzentration auf eine authentische Rekonstruktion des B-Werkes negiert werden (vgl. ebd., S.29ff.).

Die Voraussetzungen, die für die Zugänglichkeit der Öffentlichkeit geschaffen werden mussten, bildeten zunächst die Sicherung und Sanierung des Bauwerkes, daran anknüpfend wurde die Installation der Strom- und Wasserversorgung in der Anlage vorgenommen. Ziel war es hierbei immer, eine Rekonstruktion mit einer größtmöglichen Authentizität und Originaltreue zu erreichen. So wurde versucht, alle Zeugnisse aus der heutigen Zeit, wie zum Beispiel Kabelschächte, für den Besucher nicht sichtbar werden zu lassen. Das Bauwerk authentisch darzustellen, bedeutet jedoch ebenso, ungefährliche Beschädigungen im Beton nicht instandzusetzen. Desweiteren ist es während den laufenden Rekonstruktionsarbeiten gelungen, durch Verpuffungen und Wasserflecken verschmutzte Wände fachgerecht zu restaurieren und Inschriften zu konservieren (vgl. MALBURG/ SCHOLL 2006, S.110).

Die museale Inwertsetzung gewinnt durch solche Authentizität bewahrende Maßnahmen an großem Wert. Beispielhaft soll hier eine erst 2009 entdeckte und freigelegte Inschrift im „Museum B-Werk Besseringen" präsentiert wer-

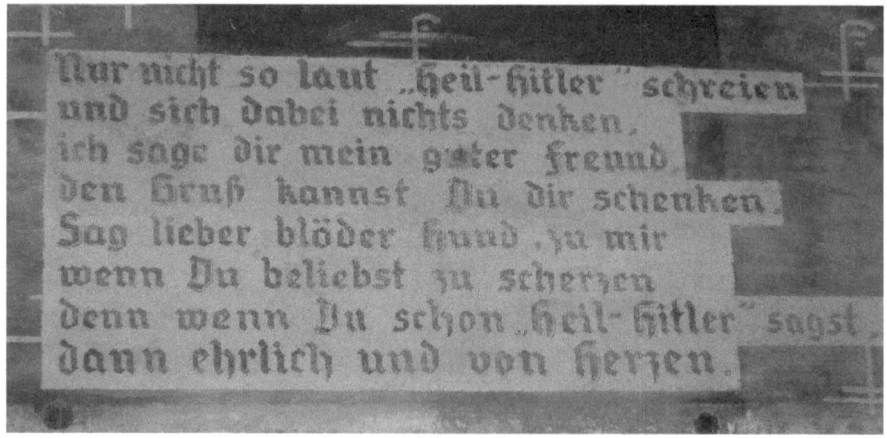

Abbildung 5: Foto - Freigelegte Inschrift in Raum 31

Quelle: Knauber 2011

den. Vermutlich ist dieser Spruch, der an eine Wand des Raumes 31 gemalt ist, in den Jahren 1939/1940 angefertigt worden. Der in Versform verfasste Sinnspruch ist lediglich auf den ersten Blick eine Verherrlichung des Hitler-grußes. Auf den zweiten Blick werden mit der inhaltlichen Analyse des Rei-mes kritische und respektlose Elemente offenbart. Nicht zuletzt der siebte Vers lässt erkennen, dass der Verfasser den Hitlergruß durch die Verwen-dung des Wortes „schon" weder für angebracht noch für notwendig hielt. Von der Bedeutung des Spruches in der damaligen Zeit losgelöst, stellt dieser Fund ein Zeitzeugnis auf dem dunkelsten Kapitel der deutschen Geschichte dar und fungiert als markantes Dokument der nationalistischen Herrschaft.

Nach der Restauration des Werkes im Zeitraum von 2002-2005 ist es möglich geworden, die Westwallanlage in Besseringen im Jahr 2005 der Öffentlichkeit zugänglich zu machen. Seitdem trägt der Standort den Titel „Museum B-Werk Besseringen" (vgl. SCHOLL 2012, mdl.). In diesem Kontext soll kurz kritisch angemerkt werden, dass bedauerlicherweise die Umgebung des B-Werkes das Museum zu einer wenig authentischen Örtlichkeit macht.

Umzingelt von der Bundesstraße 51, wie es auf dem Satellitenbild sichtbar wird, liegt das B-Werk inmitten der Schleifen-form, welche die Straße von der Autobahn kommend über den Kreisel in die Ortsmitte von Besseringen führt. Derart von Straße und auch dem ganz in der Nähe angesie-delten Autohaus eingekesselt, ist eine Lo-kalität rund um die Anlage geschaffen worden, die kaum einem authentischen Ort, geschweige denn einem Kulturdenkmal, würdig erscheint.

Abbildung 6: Satellitenaufnahme des B-Werkes

Quelle: Google maps 2012

Wie SCHOLL (vgl. 2012, mdl.) bekräftigen konnte, ist es aus dem Blickwinkel der Denkmalpflege sinnvoll, die von Wirtschaftsministerium des Landes und Kreis zur Verfügung gestellten Mittel dafür zu verwenden, das B-Werk selbst als Bunkermuseum zu präsentieren und nicht dafür, den Standort als ein Museal für Waffenexponate auszuarbeiten. Mit jener Gestaltung, fokussiert auf die beiden Schwerpunkte „Mahnmal gegen Krieg und Gewalt" und „Westwall und Bunkermuseum", ist dem B-Werk als denkmalgeschützte Westwallanlage ein Zeitdokument Rechnung getragen worden. Es stellt sich als erstrebenswert dar, das Interesse der Gesellschaft an einer Aufarbeitung und Beschäftigung mit den Auswirkungen dieses verheerenden und grausamen Vergangenheitskapitels der deutschen Geschichte mit dem Besuch des Kulturdenkmales zu wecken. Inwiefern dies seit der Freilegung 1997 und der beginnenden Inwertsetzung seit 2002 bis heute gelungen ist, schließt sich im nächsten Kapitel, gestützt durch eine Besucherbefragung, an.

4.   Besucherorientierte Nutzung des B-Werkes

Rückblickend kann konstatiert werden, dass das von der Stadt Merzig, der Arbeitsgruppe des Vereins für Heimatkunde und dem Staatlichen Konservatoramt gesteckte Ziel erreicht worden ist. Im Jahre 2005 war es sodann möglich, den Richtlinien des gemeinsam erarbeiteten Rahmenkonzeptes mit den verarbeiteten Schwerpunkten und Zielvorstellungen nachkommend, das B-Werk der Öffentlichkeit zugänglich zu machen (vgl. SCHOLL 2012, mdl.).

Die Reflexion der Besucherentwicklung seit 2005 erfährt auch während des Gespräches mit dem Experten des B-Werkes hohe Beachtung. Der Vorsitzende des Vereins für Heimatkunde konnte im Expertengespräch eine Steigerung der Besucherzahlen um 50% seit 2005 konstatieren. Demnach waren zu den erstmaligen Öffnungszeiten, die immer in der Periode eines halben Jahres von April bis September jeden Sonntag von 14 – 18 Uhr angesetzt sind, zwischen 800 und 1.000 Besucher zu verzeichnen, wobei 2011 schätzungsweise 1.500 Interessierte den Weg zum B-Werk Besseringen fanden.

Diese Arbeit, die sich ferner sowohl mit dem Entstehungskontext des B-Werkes als auch mit der Inwertsetzung dieser einzigartig erhaltenen Westwallanlage befasst, legt den Fokus auf die besucherorientierte Nutzung. Um auf diese Weise detailliert die Alters- und Sozialstruktur der Besucher und zusätzlich deren Motivation und Eindrücke zu erörtern, ist im September 2011 von der Verfasserin dieser Bachelorarbeit eine Datenerhebung in Form einer auf einen Fragebogen gestützten Befragung von 49 Besuchern durchgeführt worden. Deren Ergebnisse sollen im Folgenden vorgestellt, erläutert und diskutiert werden.

4.1. Aufmerksamkeitsgewinnung bezüglich der Anlage

Eine Erklärung der steigenden Besuchszahlen sieht SCHOLL in der „Mundpropaganda", sprich den Empfehlungen von Familie oder Bekannten aufgrund von bereichernden Besichtigungserfahrungen, das „Museum B-Werk Besseringen" zu besuchen (vgl. 2012, mdl.). Diese Einschätzung konnte in der Besucherbefragung gestützt werden, aus der hervorgeht, dass 13 von 49 Besuchern Empfehlungen gefolgt waren. Der größte Anteil der Besucher, 18 von 49 Personen, wurde jedoch aufgrund der Straßenbeschilderung an dem ca. 100 m Luftlinie entfernten Verkehrskreisel auf das B-Werk aufmerksam. Ausgedrückt in absoluten Zahlen, antworteten 49 Besucher auf die Frage mit einer Erst- oder Zweitnennung auf die Frage: „Wie sind Sie auf das B-Werk aufmerksam geworden?" folgendermaßen:

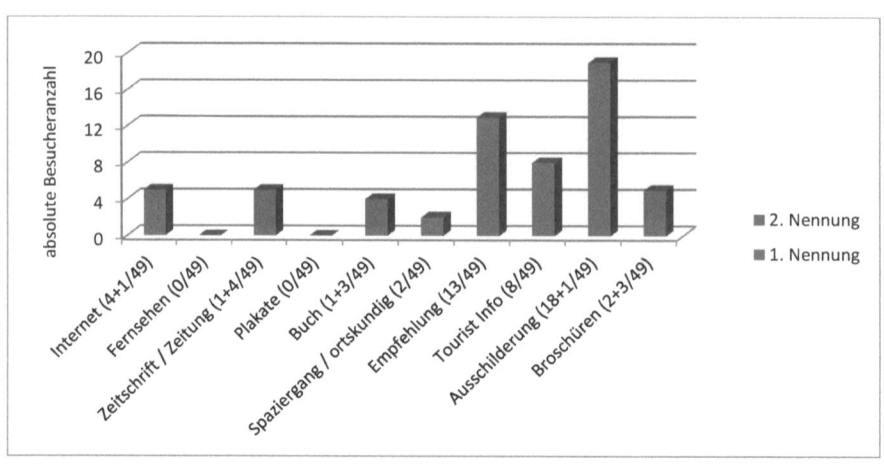

Abbildung 7: Diagramm - Aufmerksamkeitsgewinnung der Besucher auf das B-Werk

Ferner haben jedoch acht von 49 Personen vermerkt, dass sie durch die Touristeninformation Aufmerksamkeit auf das B-Werk erlangt haben. Diese 16% der Befragten waren Reisende, die ihren Urlaub in der Region Merzig-Wadern verbracht und Informationsbroschüren in der Touristeninformationsstelle der Stadt Merzig entdeckt hatten. Aufgrund dieser Werbemaßnahmen sind sie auf das B-Werk aufmerksam geworden. Das Ergebnis dieser Befragung war im Gespräch Anlass nachzufragen, warum nicht eine stärker forcierte Werbung für das B-Werk betrieben werde. Die Antwort von SCHOLL implizierte, dass abgesehen von den Broschüren bislang keine Werbemaßnahmen für das Museum B-Werk Besseringen von Land und Kreis initiiert worden seien. Solange das zuvor erwähnte Grundkonzept nicht vollständig ausgeführt sein wird, sei laut SCHOLL keine Forcierung der Werbung geplant (vgl. 2012, mdl.). Die Vollendung dieses Grundkonzeptes schätzt er auf Ende 2013 und danach soll ein Internetauftritt, der eine Präsenz des B-Werkes in diesem boomenden Medium sicherstellt, angeschlossen werden. In der Hoffnung, auf eine breitere Wahrnehmung in der Bevölkerung zu stoßen, soll sich dann nicht nur auf Internetverweise von dritter Stelle beschränkt werden. Die Veranlassung bisheriger Werbekampagnen kam laut SCHOLL (vgl. 2012, mdl.) immer nur „von außen", das heißt (d.h.) es wurden mehrere Zeitungsartikel in der regionalen Presse und im Amtsblatt von Merzig veröffentlicht. Desweiteren sind im Regionalfernsehen des Saarländischen Rundfunks mehrere Beiträge ausgestrahlt worden. Nichts desto trotz ist die touristische Infrastruktur mit ausgeprägten Werbemaßnahmen seither nicht durchgeführt worden, obwohl die Besucherfrequenz durchaus das Potential der besucherorientierten Nutzung des B-Werkes erkennen lässt.

4.2. Geschlechterverteilung und Altersstruktur der Besucher

Darüber hinaus soll nun die Geschlechterverteilung und die Altersstruktur der Besucher Berücksichtigung finden.

Bemerkenswert ist die Tatsache, dass unter den 49 Personen, die das B-Werk besichtigten, ein Drittel Frauen waren. Dennoch ließ die Erhebung zugleich deutlich werden, dass einige der Frauen mit ihrem Partner an der Besichtigung teilgenommen haben und daher ausschließlich als Begleitung des Mannes ohne Eigeninteresse hergekommen waren.

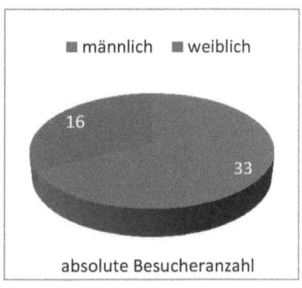

Abbildung 8: Diagramm - Geschlechterverteilung der Besucher

Die Altersstruktur der 49 Besucher in den Zusammenhang der Befragungsergebnisse setzend, lässt sich vermuten, dass die Menschen einen Blick auf das Zeugnis des Zweiten Weltkrieges und der nationalsozialistischen Herrschaft richten, weil sie durch einen Besuch der Westwallanlage die Konfrontation mit den Konsequenzen suchen. Eventuell sind dies auch Personen, die

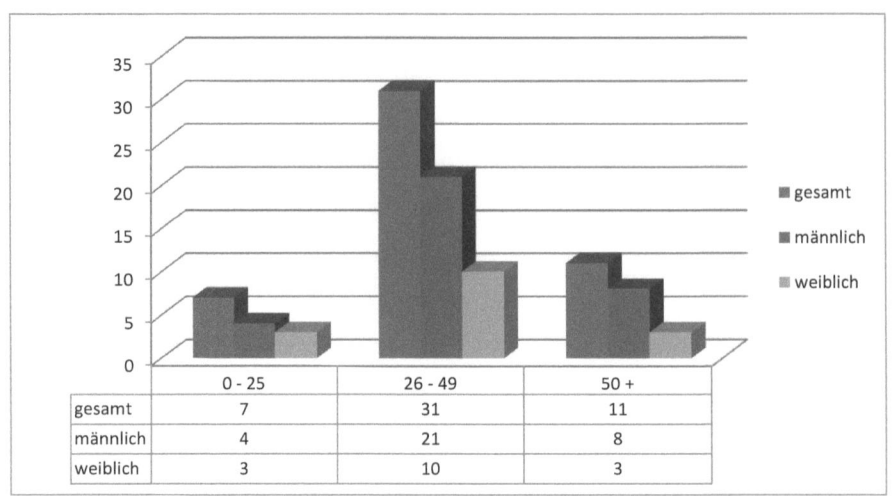

	0 - 25	26 - 49	50 +
gesamt	7	31	11
männlich	4	21	8
weiblich	3	10	3

Abbildung 10: Diagramm - Geschlechterspezifische Altersstruktur der Besucher

den Zeitabschnitt überlebt haben, von den Konsequenzen des Krieges nachhaltig beeinflusst worden sind und sich zu einer Bewältigung ihrer Vergangenheitserinnerungen auf das B-Werk einlassen möchten. Es stellte sich jedoch heraus, dass der größte Anteil (31 Personen, 63% Gesamtanteil) im Alter von 26-49 Jahren war. Die jüngeren Besucher bis 25 Jahre zeichneten sich meist als Familienmitglieder der zuvor genannten Altersgruppe aus. Insgesamt waren dies 14%, in absoluten Zahlen 7 von 49 Personen. Elf Menschen über 50 Jahre besuchten im Erhebungszeitraum zweier Sonntage im September 2011 die Westwallanlage. Wie bereits erwähnt, empfand die Verfasserin diese geringe Anzahl der älteren Besucher aus den dargelegten Gründen als überraschend und unvermutet (siehe dazu auch Abbildung 10).

Mit der Intention, die Repräsentativität der Besucherbefragung zu sichern, erachtete es die Verfasserin als notwendig, die Ergebnisse mit dem Vorsitzenden des Vereins für Heimatkunde kritisch zu diskutieren. Bestätigen konnte er, dass die sonntäglichen Besucher „normale Menschen wie Du und Ich" seien (vgl. SCHOLL 2012, mdl.). Die Situation einschätzend, erläuterte er, dass sich die meisten der Besucher zum B-Werk begeben hätten, um etwas zu sehen, was sie nicht kennen.

Seiner Meinung nach gibt es weniger Gruppierungen unter ihnen, die sich aus Gründen der Vergangenheitsbewältigung speziell für das B-Werk interessieren. Die aus Unkenntnis neugierig gewordenen Besucher entscheiden sich demzufolge zu einer Besichtigung, während der sie eventuell mit dem Führungspersonal ins Gespräch kommen. SCHOLL geht davon aus, dass sich bei den Besuchern erst daran anschließend Gedanken entwickeln könnten, die sich mit der jüngeren Vergangenheit der deutschen Geschichte beschäftigen und erst nach der Konfrontation mit dem Kriegsgut bilden (vgl. 2012, mdl.). Die jüngerem oder mittlerem Alter zugehörigen Besucher wollen, diese Einschätzung ergänzend, das B-Werk besichtigen, da sie etwas Vergleichbares nicht kennen. Im Gespräch stellte sich heraus, dass SCHOLL die Ergebnisse der Besucherbefragung als durchaus repräsentativ einschätzt und die Auswertung bekräftigen konnte (vgl. ebd.).

4.3. Nationalität, Schulabschluss und Anfahrtsweg der Besucher

Inwiefern die Stichprobe von 49 Besuchern im Hinblick auf deren Nationalität eine repräsentative Umfrage darstellt, sollte mit dem Experten des B-Werkes besprochen werden. Hierbei stellte sich heraus, dass entgegen den eindeutigen Ergebnissen der Erhebung mit 46 deutschen und nur drei ausländisch abstammenden (zwei ehemalige Kanadier und eine Engländerin) Besuchern, eine auf einen größeren Zeitraum ausgedehnte Beobachtung sehr wahrscheinlich andere Resultate aufgezeigt hätte. SCHOLL berichtete, dass durchaus aus unterschiedlichen Ländern stammende Personen zu einer Besichtigung des B-Werkes anreisten. Allerdings spricht er, über einen Zeitraum eines halben Jahres betrachtet, von einer geringen Frequenz mit einer sehr unausgewogenen Verteilung der Besucherzahlen. Bürger der Länder Frankreich, Luxemburg, Belgien, Holland und sogar Amerika hätten bereits Interesse an dieser Westwallanlage gezeigt. Auch an dieser Stelle erwähnte der Gesprächspartner den Umstand, dass sich diese Besichtigungen meist aus Weiterempfehlungen früherer Besucher ergeben hätten. (vgl. 2012, mdl.)

Untermauern lässt sich diese Aussage zusätzlich durch eine Betrachtung der Frage an die 49 Personen: „Sind Sie heute zum Ersten Mal hier?", denn 45 von 49 Personen stimmten zu. Dies könnte zusätzlich ein Indiz sein, dass forcierte Werbemaßnahmen eine größere Zahl von Besuchern anlocken. So repräsentiert diese Auswertung nur wenige Mehrfachbesucher, für die werbegestalterische Bestrebungen und der Versuch von Aufmerksamkeitsgewinnung wenig Einfluss hätten, da jenen das B-Werk bereits bekannt ist. Abschließend lässt sich konstatieren, dass sich die Aufmerksamkeit und Akzeptanz für Denkmäler derartiger Gestalt innerhalb einer breiteren Bevölkerungsschicht durch verstärkte Öffentlichkeitsarbeit und Werbemaßnahmen steigern ließe.

Als interessant stellte sich in diesem Kontext dar, welchen Anfahrtsweg die verschiedenen Besucher für eine Besichtigung des B-Werkes auf sich genommen haben, um festzuhalten, inwiefern touristische Potentiale der besucherorientierten Nutzung dienen konnten. Durchschnittlich belief sich der Anfahrtsweg der Besucher auf 152 km. Die weitesten Entfernungen legten ein Rostocker mit 850 km und drei Besucher aus Schwerin mit 800 km zurück, die sich während ihres Urlaubes im Saarland zu einer Besichtigung am B-Werk entschieden. Die kürzeste Entfernung von 5 km hatte ein Spaziergänger aus Merzig, der durch Zufall an dem Bauwerk vorbeikam und sich dann spontan zu einem Besuch entschloss. An dieser Stelle ist jedoch festzuhalten, dass 35 von 49 Besuchern in einem Radius von nur 90 km zu dem

Untersuchungsgegenstand entfernt wohnten. Resultierend aus diesen 71% kann davon ausgegangen werden, dass sich Bemühungen um intensivere Werbemaßnahmen in einem Radius von 100 km um das B-Werk herum auszahlen und eine größere Anzahl von Menschen in diesem Umkreis angesprochen werden kann.

Der Schulabschluss der Besucher wird relevant, um die Bildungsstruktur der am B-Werk interessierten Personen aufzudecken. Die resultierende Vertei-

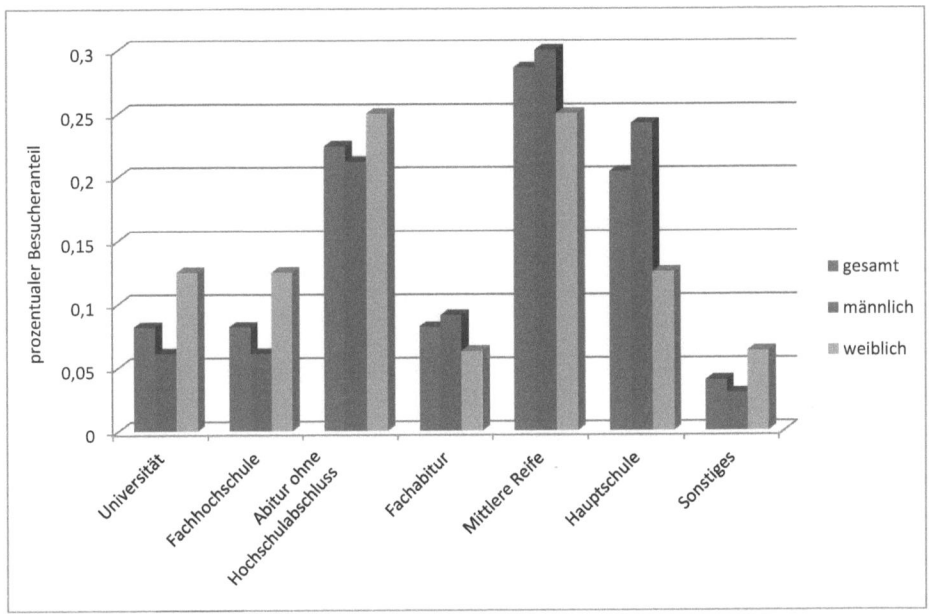

Abbildung 11: Diagramm - Schulabschluss der Besucher

lung ist breit gefächert und erstreckt sich von Personen mit Hauptschullabschluss bis zu Absolventen der Universität. Das Gros unter den Besuchern ist mit der Mittleren Reife auszumachen, denn insgesamt 14 Personen gaben diesen Abschluss an. In der großen Streuung der Abschlüsse wird erkennbar, dass keine Konzentration einer bestimmten Bildungsgruppe am B-Werk existiert, sondern dass das Kulturdenkmal vielmehr ein breites Feld von Menschen mit unterschiedlichen Bildungsabschlüssen anzusprechen vermag.

Sind die erläuterten Bestrebungen der Aufmerksamkeitsgewinnung auf die Anlage gelungen und eine Person hat daraufhin das Interesse am B-Werk aus verschiedenen Gründen erlangt, sollen im Folgenden mithilfe der Auswertung der Erhebung die motivierenden Gründe für die Besichtigung des Panzerwerkes in Besseringen betrachtet werden.

4.4. Gründe und Motivation für die Besichtigung

Nachforschungen über Gründe und Motivationen der Besucher am B-Werk sind durch die Erhebung eingenommen worden. Im Zuge dieser Arbeit stellte es sich als sehr aufschlussreich heraus, zu wissen, auf welche Art und Weise der Besuch des Museums möglicherweise an die Lebenswelt der Besucher anknüpft. Somit galt es herauszufinden, welche Interessensfelder bei den Besuchern angesprochen werden. Die Befragten konnten jeweils in verschiedenen Kategorien Antwortmöglichkeiten von ‚zutreffend', ‚mit Einschränkung',

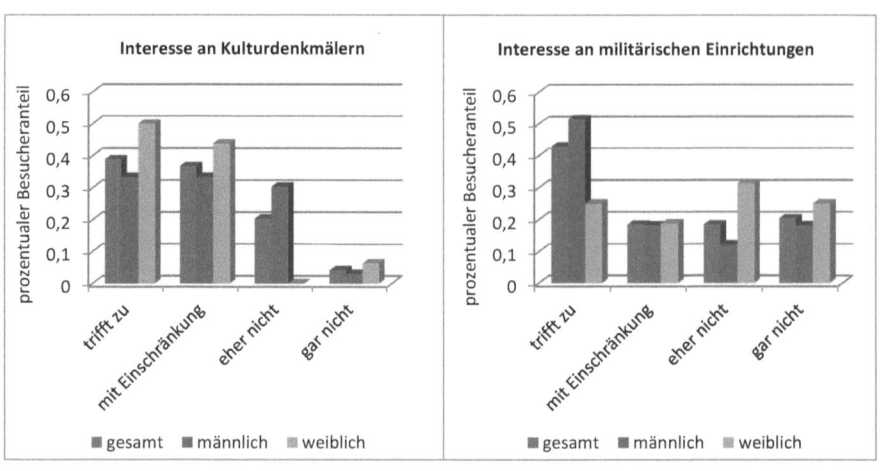

Abbildung 12: Diagramme - Gründe für den Besuch am B-Werk

‚eher nicht' bis ‚gar nicht zutreffend' auswählen. Die Selektion des Interesses erfolgte in den folgenden Bereichen: ‚Historisches', ‚Kulturdenkmäler', ‚West-wall', ‚militärische Einrichtungen', ‚lokale Gegebenheiten', ‚Technik', ‚Besichti-gungen generell', ‚aktives Auseinandersetzen mit der Vergangenheit' und ‚kein besonderer Grund' für den Besuch. Graphisch sollen hier die Kategorien Interesse an ‚Kulturdenkmälern' und ‚militärischen Einrichtungen' dargestellt werden.

Mit einer vergleichenden Analyse lassen sich durchaus geschlechterspezifi-sche Differenzen bezüglich der Interessen erkennen. 50% der weiblichen Be-sucher erkundeten diese Westwallanlage aufgrund ihres Kulturdenkmalsta-tus. Das Interesse der männlichen Personen beschränkte sich in diesem Fall auf 33%. Hierbei konnten nur leicht abweichende Angaben mit einem einge-schränkten ‚Interesse an Kulturdenkmälern' von 38% aller Befragten ver-zeichnet werden. Die Frage nach einem ‚Interesse an militärischen Einrich-tungen' lässt das Bild anders aussehen. Hier gaben 51% der Männer an, dass ein uneingeschränktes ‚Interesse an militärischen Einrichtungen' be-stünde. Nur 25% der Frauen teilten diese Auffassung gegenüber 43% aller Besucher. Ein Viertel der Frauen zeigte hingegen gar kein Interesse an dem militärischen Gebäude per se. Generell kann mit dem rechten Teil der Gra-phik ‚Interesse an militärischen Einrichtungen' (Abbildung 12) demonstriert werden, dass eine breitgefächerte und stärker ausgeglichene Verteilung zwi-schen ‚zutreffend' und ‚unzutreffend' zu konstatieren ist. Kontrastiv kann hier das geringe Interesse der Befragten sowohl an Kulturdenkmälern mit nur 4% als auch an militärischen Einrichtungen mit 20% aller Personen, erwähnt werden.

Diese Illustration unterstützt die Aussage von Herrn Scholl im Expertenge-spräch. Er vertritt den Standpunkt, dass die meisten Besucher eine Wissbe-gierde am B-Werk als solchem entwickelt haben und daraus resultierend eine

Besichtigung anstrebten (vgl. SCHOLL 2012, mdl.). Die alleinige Motivation, das B-Werk als ein rein militärisches Bauwerk zu besichtigen, tritt bei den meisten Befragten in den Hintergrund. Speziell jene kleine Gruppe betreffend, differenzierte der Experte ausdrücklich zwischen Menschen, die eine Leidenschaft für Technik und Waffen ohne einen nationalsozialistischen Hintergrund hegen und denen, die rechtsextreme Ausprägungen offenbaren. SCHOLL betonte, dass rechtsextreme „Typen", die das System und Ideologien der damaligen Zeit verherrlichen und aus dieser Motivation heraus Bauten mit nationalsozialistischem Hintergrund aufsuchen, im B-Werk noch nie auffällig in Erscheinung getreten seien (vgl. ebd.). Ebenfalls stellten Personen, die mit der Verwendung nationalsozialistisch gefärbter sprachlicher Wendungen anstoßen, die sehr seltene Ausnahme dar. Dass die Arbeitsgruppe, die sich zurzeit mit dem Museum B-Werk befasst, von solchen Personen direkt Abstand nimmt, ist in dem Gespräch mit dem Vorsitzenden deutlich ersichtlich geworden (vgl. ebd.).

Zieht man einen Vergleich zwischen dem rechten Balken-diagramm der Abbildung 12 (‚Interesse an militärischen Ein-richtungen') und der Graphik rechts (Abbildung 13), ist wiederum zu registrieren, dass die Interessierten an

‚militärischen Einrichtungen' mit einem Gesamt-anteil von 40% doch klar den 81% daran Interessierten, ‚sich aktiv mit der Vergangenheit auseinander zu setzen', unterlegen sind. Die Reaktion Scholls auf dieses Verhältnis soll an dieser Stelle durchaus Beachtung finden. Seiner Meinung nach sind

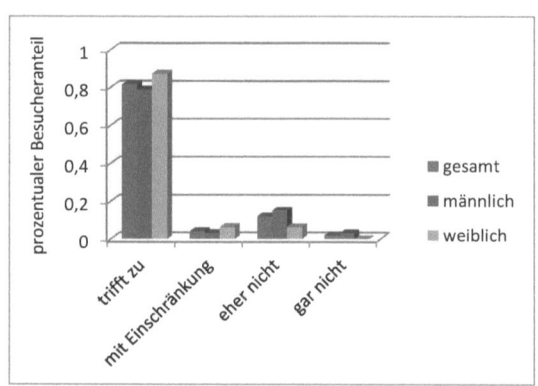

Abbildung 13: Diagramm - Auseinandersetzung mit der Vergangenheit

spezifizierte Militärliebhaber weniger bei einer Besichtigung des B-Werkes anzufinden als beispielsweise an Kulturdenkmälern Interesse zeigende Besucher (vgl. SCHOLL 2012, mdl.). Ausdrücklich wurde seinerseits darauf hingewiesen, kein Museal für Waffenexponate zu beabsichtigen, sondern das B-Werk authentisch zu erhalten, um einen Ort des Gedenkens mit Mahnmalcharakter zu bewahren. SCHOLL bekräftigte das Ziel, den Museumsbesuchern zu demonstrieren, mit welchem Aufwand Menschen in jenen Zeiten bereit waren und bedauerlicherweise heute noch sind, Waffen für den Krieg herzustellen und ihn auf diese Weise zu forcieren (vgl. 2012, mdl.).

In diesem Zusammenhang berichtete der Vorsitzende der Arbeitsgruppe, dass das Führungspersonal der Besichtigungen durchaus das B-Werk als eine Tötungsmaschine tituliert, um unter anderem die Funktion des Bauwerkes verschärft hervorzuheben. Wenn überdies die Menschen die Ansicht erlangten, erläuterte er, dass es sich aus verschiedenen Perspektiven lohne, sich mit der damaligen Zeit zu beschäftigen, sei das Ziel erreicht. Wenn dann jene noch hoffen, dass eine solch grauenvolle Zeit nie wieder in die Gegenwart tritt, seien seiner Ansicht nach die Anstrengungen der Arbeitsgruppe vollständig entlohnt (vgl. ebd.).

Den letzten Ausführungen kann eine weitere Auswertung der Erhebung angeschlossen werden, die das Vorwissen über den Westwall unter den Besuchern hinterfragt hat. Um die Befragung im Rahmen der Bachelorarbeit, bezogen auf die militärhistorischen Kennt-

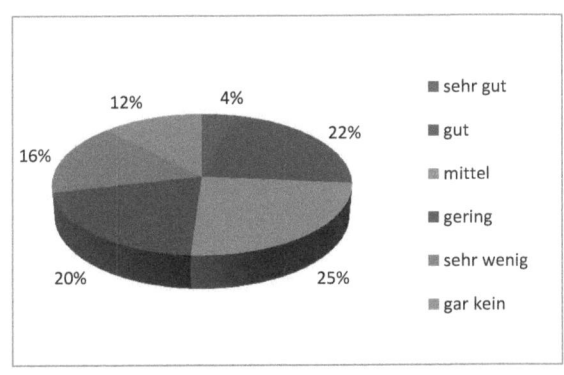

Abbildung 14: Diagramm - Selbsteinschätzung des Vorwissens der Besucher über den Westwall

nissen, beziehungsweise das Interesse am Westwall zu ermitteln, wurde nach der Einschätzung des eigenen Wissens der Besucher gefragt. Bei der Betrachtung der Graphik ist die breite Fächerung ohne einen markanten Schwerpunkt auffallend. Geschlechterunspezifisch lässt sich erkennen, dass ein Viertel der Besucher ihr Vorwissen als mittelmäßig und jeweils rund zwanzig Prozent als gut oder als gering einschätzen.

Die These von Herrn Scholl kann daher grundsätzlich gestützt werden, dass nur die wenigsten ein fundiertes Wissen über den Westwall besitzen. Jene kleine Gruppe mit einem großen Vorwissen über den Westwall bildet die Ausnahme in der Besucherstruktur. Die meisten Personen wissen seinen Ausführungen nach, wenn überhaupt, nur wenig Bescheid (vgl. SCHOLL 2012, mdl.). Dies spiegeln beispielsweise diejenigen der Besucher wider, die aus Zufall am B-Werk entlangfuhren und demzufolge Aufmerksamkeit erlangt haben oder diejenigen, die einer Besuchsempfehlung von Freunden oder Bekannten gefolgt sind (vgl. ebd.).

4.5. Wirkung der Anlage und Eindrücke der Besucher

Im Rahmen der Besucherbefragung am B-Werk wurde es von der Verfasserin als wichtig erachtet, die Personen nach der ausgelösten Wirkung und ihren Eindrücken, die sie mit Besichtigung der Anlage erlangten, hin zu untersuchen.

Im Kontext der Vergangenheitsbewältigung der deutschen Geschichte während des Nationalsozialismus von 1933-1945 ist es von Bedeutung, inwiefern die Besucher das B-Werk als ‚interessant', ‚unheimlich/beklemmend', ‚erkundungswert', ‚abschreckend' oder ‚faszinierend' empfanden. Ein eindeutiges Bild ist mit der ersten Eigenschaftsbeschreibung zu erkennen. Eine Wirkung, welche das Interesse der Besucher weckt, ist bei ca. 96% aller Besucher mit jeweils nur einer Abweichung von zwei Prozentpunkten nach oben bei den männlichen und nach unten bei den weiblichen Personen hervorgerufen worden. Beinahe ebenso aussagekräftig sind die Ergebnisse der Frage, ob die Besucher das B-Werk als ‚erkundungswert' einschätzen würden. Mit den gleichen geschlechterspezifischen Abweichungen schätzen 86% der befragten Personen die Bunkeranlage voll und ganz und 14% mit Einschränkung als ‚erkundungswert' ein. Diese Bewertung könnte durchaus für eine größere Lobby in der Gesellschaft sprechen, wenn mit weiteren Inwertsetzungs- und Werbemaßnahmen das „Museum B-Werk Besseringen" forcierter einer größeren Öffentlichkeit vorgestellt werden würde. ‚Faszinierend' empfanden das B-Werk 57% der 49 Besucher und 30% gaben die Aussage ‚mit Einschränkung faszinierend' an. Als Gründe dafür sind meist Größe und Bausubstanz genannt worden, die auf das Bauwerk als Ganzes anspielen, welches vor mehr als 70 Jahren entstanden ist. 12% der männlichen Besucher gaben an, dass sie die Anlage aufgrund des Kontextes des Bauanlasses als ‚gar nicht faszinierend' verspürt haben.

Der Wirkungsaspekt ‚unheimlich/ beklemmend' rief noch stärker differenzierte Empfindungen bei den B-Werk-Besuchern hervor. 43% aller Besucher empfanden ‚keine' und 16% ‚eher keine beklemmende Wirkung' des Museums. Doch 40% der Personen verspürten eine eingeschränkte oder gänzlich beklemmende Wirkung durch die Besichtigung

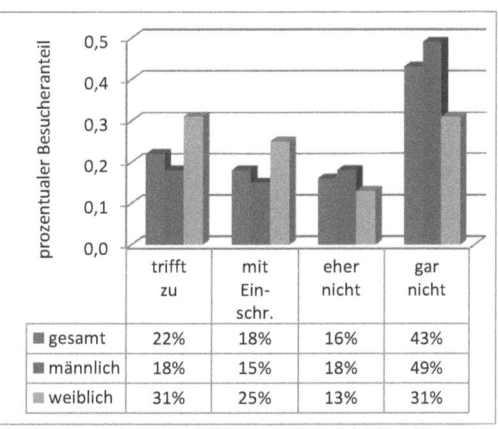

	trifft zu	mit Ein-schr.	eher nicht	gar nicht
gesamt	22%	18%	16%	43%
männlich	18%	15%	18%	49%
weiblich	31%	25%	13%	31%

Abbildung 15: Diagramm - Wirkung auf die Besucher: ‚unheimlich / beklemmend'

des Bunkers. An dieser Stelle lässt sich vermerken, dass jeweils 31% der weiblichen Besucher sowohl das ‚unheimliche' Empfinden verspürten als auch ‚gar keine Beklemmung' empfanden. 25% der Frauen gaben an, dass sie die Besichtigung ‚mit Einschränkung beklemmend' beurteilen. Fast die Hälfte aller männlichen Befragten bestätigte ‚gar keine unheimliche' oder ‚beklemmende' Wirkung. Als ‚abschreckend' empfanden nur die wenigsten, 12% der Befragten, die Westwallanlage und 61% der Personen sagten aus, dass dieser Gefühlszustand ‚gar nicht' zuträfe. Nun sollte jedoch zwischen Männern und Frauen differenziert werden. Denn bestätigten 70% der Männer die letzte Auswertung, so empfanden nur 44% der Frauen die Anlage als ‚eher nicht abschreckend' wie auch ‚gar nicht abschreckend'.

Die Eindrücke, die von den Besuchern während der Besichtigung am Westwallobjekt gewonnen wurden, sollten mithilfe der Erhebung festgehalten und analysiert werden. Mit den beschreibenden Attributen ‚emotional bewegt', ‚verängstigt', ‚erschüttert', ‚beeindruckt', ‚begeistert' und ‚keinen Eindruck' sollte der gewonnene Eindruck untersucht werden. Gra-

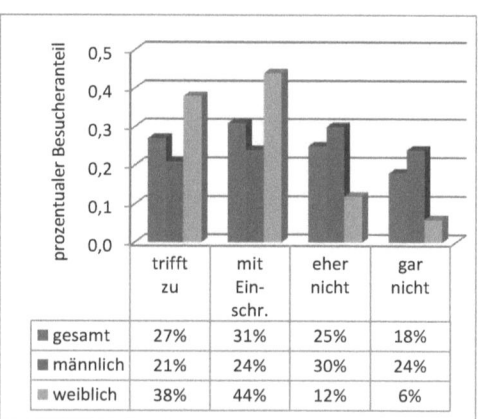

Abbildung 16: Diagramm - Eindrücke der Besucher: ‚emotional bewegt'

phisch wird zunächst die der Gefühlszustand ‚emotional bewegt' der befragten Personen dargestellt, welcher ein weites Spektrum von der Negierung und Bekräftigung dieser Empfindung aufdeckt. Diese Heterogenität der Bewertungen der 49 Personen kann durch den persönlichen Kontext, bzw. die Involviertheit mit den Auswirkungen dieser verheerenden Zeitabschnittes um die 30er und 40er Jahre des 20. Jahrhunderts oder auch durch individuelle und differierende Gefühlswahrnehmungen innerhalb der Befragungsgruppe hervorgehen.

Diese Einschätzung lässt sich mit der Frage nach einer verängstigenden Wirkung noch verstärken, denn hier gaben 84% ‚gar keine Verängstigung' bei der Besichtigung des Werkes an. Nur 16% aller Besucher wichen durch die Angabe ‚eher nicht' und ‚mit Einschränkung verängstigt' vom Hauptfeld ab. Kein Befragter zeigte sich durch eine Museumsbesichtigung gänzlich ‚verängstigt'. Ein Indiz für

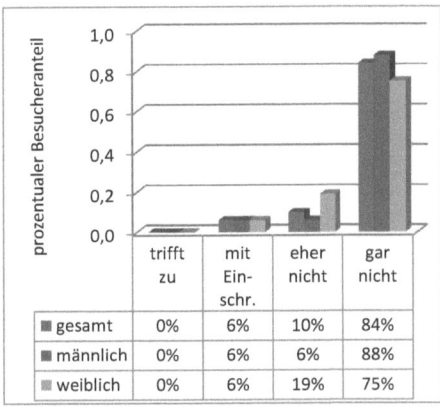

	trifft zu	mit Ein-schr.	eher nicht	gar nicht
gesamt	0%	6%	10%	84%
männlich	0%	6%	6%	88%
weiblich	0%	6%	19%	75%

Abbildung 17: Diagramm - Eindrücke der Besucher: ‚verängstigt'

dieses Ergebnis könnte mit der zeitlichen Distanz und kritischen Betrachtung des Nazi-Regimes aufgezeigt werden.

Von der Anlage ‚beeindruckt' zeigten sich 53% der Besucher. 34% aller Besucher fühlten sich ‚mit Einschränkung beeindruckt', wobei einige von diesen in einem anschließenden Gespräch hinzufügten, dass sie durchaus beeindruckt seien, aber mit Blick auf den Hintergrund des B-Werkes als eine Tötungsmaschine, von der uneingeschränkten Zustimmung Abstand genommen hätten. Zu vermerken ist hingegen, dass niemand angegeben hat, völlig unbeeindruckt das B-Werk verlassen zu haben. Denn die Frage, ob die Besucher ‚keinen Eindruck' erlangt haben, konnten 96% der Befragten sogar uneingeschränkt verneinen. Diese Auswertung veranlasst an dieser Stelle zu vermerken, dass jene Beurteilung der Besucher demonstriert, dass der Standort nichtsdestoweniger einer größeren Öffentlichkeit zugänglich gemacht werden sollte. Eine zu erhoffende Konsequenz impliziert, die Besucherbefragung mitberücksichtigend, eine Imagesteigerung des B-Werkes innerhalb der Gesellschaft. Zugleich sprechen diese Rückmeldungen der Besucher für ein energischeres Publikmachen des B-Werkes als eine Westwallanlage inmitten der Kulturlandschaft, damit auf diesem Wege sowohl eine

höhere Wahrnehmung als auch eine größere Akzeptanz für das Kulturdenkmal aus Zeiten des Krieges erreicht werden kann.

Mit der Präsentation der gewonnen Wirkungen und Eindrücke auf die Besucher sollte das Ziel des Konstatierens, inwiefern die Erhaltung, Inwertsetzung
und Zugänglichkeit eines Kriegsgutes aus dem Zweiten Weltkrieg eine individuelle Bereicherung für den einzelnen Besucher und einen Mehrwert für die
Gesellschaft darstellen könnte, verfolgt werden. Inwiefern diese Ausführung
von den Besuchern des B-Werkes unterstützt wird, soll im Weiteren gezeigt
werden.

4.6. Erwartungen und Zufriedenheit der Besucher

Bei der Frage nach Erwartungen, die die
49 Personen an den Besuch des West-
wallmuseums knüpften, ergab sich fol-
gendes Bild der Abbildung 18. Hierbei
sollte erwähnt bleiben, dass einige der
Befragten, die ohne jegliche Vorkenntnis-
se zu dem Standort kamen, keine Erwartungen mit ihrem Besuch verbunden hatten. Es scheint so, dass das Ziel der

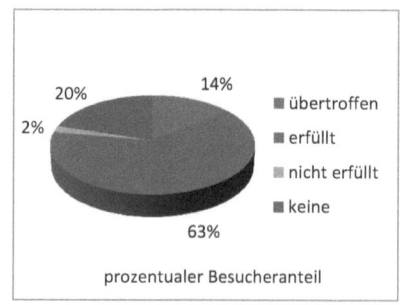

Abbildung 18: Diagramm - Erwartungen der Besucher

Verantwortlichen, das „Museum B-Werk Besseringen" zu einem
repräsentativen und besucherorientierten Standort mit dem Status eines
Kulturdenkmales zu entwickeln, erfüllt werden konnte.

Um daran anknüpfend auf die besucherorientierte Nutzung am B-Werk näher einzugehen, kann die erhobene, mit verschiedenen Attributen charakterisierte Zufriedenheit erläutert werden. Einen freundlichen Umgang des Personals konstatierten alle Besucher (87% waren ‚zufrieden' und 13% gaben ‚weiß nicht' an), die mit den Führungskräften

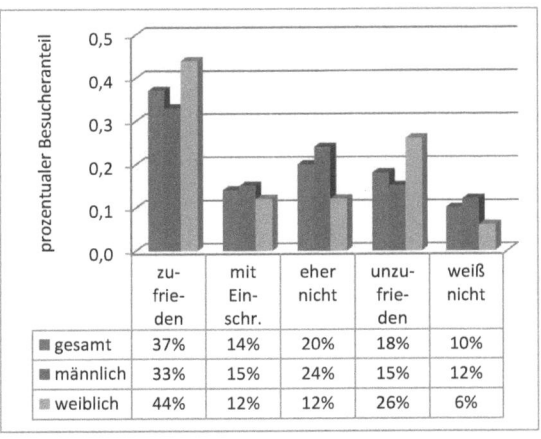

	zu-frie-den	mit Ein-schr.	eher nicht	unzu-frie-den	weiß nicht
gesamt	37%	14%	20%	18%	10%
männlich	33%	15%	24%	15%	12%
weiblich	44%	12%	12%	26%	6%

Abbildung 19: Diagramm - Zufriedenheit der Besucher mit der Straßenbeschilderung

der Arbeitsgruppe in Kontakt gekommen waren. Als es die Kompetenz des Führungspersonals zu bewerten galt, machten 59% der Besucher die Angabe, zufriedenstellend informiert worden zu sein. Wiederum ein Großteil der Übrigen (38%) gab keine Wertung an. Die Zufriedenheit mit den im B-Werk angebrachten Informationstafeln, dem dargelegten Rahmenkonzept des Museums mit den Themenblöcken „Mahnmal gegen Krieg und Gewalt" und „Bunker- und Westwallmuseum" zugehörig, erwies sich auch als gehaltvoll, denn 80% aller Besucher gaben die höchste Wertung, ‚zufrieden', ab. Hier kann vermerkt werden, dass sich die weiblichen Personen etwas kritischer als die Männer zeigten, indem 25% der Frauen sich nur ‚mit Einschränkung' und 68% uneingeschränkt ‚zufrieden' zeigten. Deutlich heterogener in der Verteilung erwies sich die Frage nach der Zufriedenheit mit der Straßenausschilderung. Zeigten sich noch 37% mit der vorhandenen Straßenbeschilderung ‚zufrieden', machten 20% der Besucher die Angabe ‚eher nicht zufrieden' und 18% die Angabe, ‚unzufrieden' zu sein.

SCHOLL reflektierte im Gespräch durchaus Verständnis für die gezeigten Reaktionen der B-Werk-Besucher, da auch bspw. er den Weg vom Besucherparkplatz zur Anlage als schlecht ausgeschildert empfinde (vgl. SCHOLL 2012, mdl.). Problematisch sehe er die Tatsache, dass sich die unzureichende Straßenbeschilderung in naher Zukunft nicht ändern wird. Begründet läge die lange Wartezeit seiner Meinung nach darin, dass die Genehmigung für neu anzubringende Schilder verschiedene Behörden durchlaufen muss. Diese Verzögerungen lassen sich an dem einzigen, für das B-Werk werbende Straßenschild am Kreisel in der Nähe des Standortes belegen, da es sich über eine Dauer von zwei Jahren hinstreckte, bis es zu seiner Montage kam. Einen weiteren Grund sieht SCHOLL im derzeitigen Bestreben der Landesverwaltung, eine einheitliche touristische Beschilderung im Saarland anzubringen und seiner Vermutung nach stehe das B-Werk unter den ca. 130 Sehenswürdigkeiten in deren Prioritätenvergabe nicht an erster Stelle (vgl. ebd.).

Wie schon ausführlich im Verlauf der Arbeit thematisiert, musste der Schritt der Erhaltung und Inwertsetzung der Anlage vorausgegangen sein, damit das B-Werk der Öffentlichkeit zugänglich gemacht werden konnte. Die 49 Befragten sollten im Rahmen der Erhebung bewerten, inwiefern die Arbeiten der Inwertsetzung ihrer Meinung nach gelungen seien. Es offenbarte sich ein aussagekräftiges Ergebnis. 67% der 49 Personen konstatierten einen sehr guten und 31% einen guten Gesamteindruck über das „Museum B-Werk Besseringen". Lediglich ein Mann konstatierte „nur" einen ‚mittleren' Gesamteindruck, da er einen Vergleich mit dem Werk Hackenberg, eine der „am stärksten ausgebauten Festungsanlage der Maginotlinie" (ROHDE/WEGENER 1997, S.21f.), zog und seine Bewertung abwägend mit jenem Standort resultierte.

In diesem Sinne soll angeführt werden, dass von den 49 Besuchern des B-Werkes bereits 20 Personen schon einmal die Maginotlinie besichtigt hatten. Diese Bilanz veranlasste die Verfasserin der Arbeit, Egon Scholl auf potentielle Synergieeffekte zwischen dem Westwall und der Maginotlinie anzu-

sprechen. Seine Reaktion zeigte, dass die Verantwortlichen des Westwall-
museums durchaus nach einer Zusammenarbeit strebten. Er gab an, dass
Planungen und Vorschläge vorhanden seien und zu einer angemessenen,
bisher aber noch nicht näher bestimmten Zeit umgesetzt werden könnten.

4.7. Verbesserungsvorschläge für das B-Werk und Zukunfts-aussichten

Um besucherorientiert die weitere Inwertsetzung der Anlage optimieren zu
können, sind die befragten Personen um Verbesserungsvorschläge am „Museum B-Werk Besseringen" gebeten worden. Beispielsweise wurden von
zwei Besuchern die Installation eines „audio-guide" während der Besichtigung
und zweimal die Verbesserung der Ausschilderung vom Parkplatz zum Werk
angegeben. Weitere Anregungen waren die Erweiterung des Angebotes an
Informationstafeln, die Räume ohne Ausbesserungsmaßnahmen immer im
Originalzustand zu belassen und auch eine forciertere Werbung für die
Westwallanlage zu betreiben. Manche Aspekte der genannten Bemerkungen
sind in dieser Arbeit schon dargelegt worden. Jedoch sollten die weiteren
Vorschläge in Relation zu der Tatsache gesetzt werden, dass 31 von 49 Personen keine Verbesserungsvorschläge anzumerken hatten. Inwiefern die erwähnten Vorschläge aus finanzieller Sicht auszuführen sind und der realisti-
schen Umsetzungsfähigkeit Genüge tun, ist an dieser Stelle nicht zu ermes-
sen.

Im Gespräch merkte SCHOLL auf die Frage nach Zukunftsplänen an, dass
keine äußerlichen Änderungen, die das Gesamtbild des Museums verändern
würden, vorgesehen seien (vgl. 2012, mdl.). Der Schwerpunkt der zu besich-
tigenden Fläche läge im Innenbereich des Gebäudes und sei bis auf einige
wenige Räume komplett zugänglich. Erweiterungen, die die Außenfläche des

B-Werkes miteinbeziehen, seien eine Möglichkeit der Ausweitung der Besichtigungsfläche, doch dies werde als unwahrscheinlich eingeschätzt (vgl. 2012, mdl.). Die einzige Veränderung, die aller Wahrscheinlichkeit nach schon zu Beginn der nächsten Besichtigungssaison (April - September 2012) umgesetzt sein wird, stellt die Erhebung eines Eintrittspreises in bislang unbestimmter Höhe dar. In der Vergangenheit hat es den Besuchern am Ende der Besichtigung offen gestanden, einen Obolus zu spenden (vgl. ebd.).

Eine weitere Option der besucherorientierten Nutzung des B-Werkes in der Zukunft konkretisiert sich in der Betrachtung des B-Werkes als außerschulischen Lernort. Eine Erweiterung des Kulturdenkmales „Museum B-Werk Besseringen" mit Mahnmal- und Museumscharakter könnte in seinem Potential als Bildungsgut liegen. Es stellt sich in diesem Zusammenhang die Frage, ob Schüler und Schülerinnen der Mittel- und Oberstufe eine Bereicherung im Geschichtsverständnis des „Dritten Reiches" erfahren. Eingebettet in eine zeitintensive Unterrichtssequenz mit ausführlicher Behandlung der Thematik in den Fächern Geschichte oder Geographie könnte eine Exkursion zum B-Werk im Sinne einer Besichtigung eines Zeitdokumentes durchgeführt werden. Die individuelle Erfahrung der Schüler und Schülerinnen mit dem Bunker könnte sowohl eine Intensivierung des zuvor Gelernten „am konkreten Objekt" als auch eine Sensibilisierung für die problematische NS-Zeit darstellen. Wird jene Zeit von den Schülern und Schülerinnen durch die Besichtigungserfahrung kritisch reflektiert und können mit der konkreten Konfrontation mit dem Panzerwerk in seiner Funktion als „Tötungsmaschine" derzeit immer häufiger erwachende nationalsozialistische Strömungen gemindert werden, sei das Ziel der Verantwortlichen des Museums vollends erreicht (vgl. SCHOLL 2012, mdl.).

Im Expertengespräch wurde das „Museum B-Werk Besseringen" hinsichtlich seines Potentials als Bildungsgut durchaus thematisiert. SCHOLL erläuterte, dass das frühere Ministerium für Bildung neben weiteren zuständigen Instanzen in die Verantwortlichkeit für das B-Werk involviert sei (vgl. 2012, mdl.). Dementsprechend werde derzeit herausgefunden, welche Alterststruktur und Schulklassen für einen Besuch geeignet sind. Ist zusätzlich eine Weiterbildung, beispielsweise für auf das B-Werk spezialisiertes pädagogisches Personal oder schulische Lehrkräfte, die mit ihren Schulklassen das B-Werk besichtigen und dies in den Lernfortschritt integrieren möchten, für die konkrete Darstellung dieser Thematik am B-Werk eingerichtet, stehe der Zukunft einer Werbung über das Ministerium für Bildung an Schulen im Saarland nichts mehr im Wege (vgl. ebd.). Mit diesen Maßnahmen könnte eine Verbesserung für die Zukunft geboten werden, indem die jungen Menschen angemessener mit der Zeit des Nationalsozialismus konfrontiert werden und zu einer Aufarbeitung der Vergangenheit am konkreten Objekt gelenkt werden. Die Integration des B-Werkes in den Schulunterricht könnte durch das Moment des eigenen Erfahrens der Kinder am historischen Objekt sowohl für eine Sensibilisierung im Umgang mit dem Zeitabschnitt des „Dritten Reiches" als auch für einen Anstoß hin zur größeren gesellschaftlichen Akzeptanz von Relikten wie dem B-Werk sorgen.

Trotzdem sollte an dieser Stelle die Tatsache Erwähnung finden, dass Authentifizierungsbemühungen in Museen nicht unbedingt immer für die Geschichtsdarstellung prädestiniert sind, denn Bunker und ihr Inneres können nicht ohne weiteres als authentische Orte des Krieges gesehen werden (vgl. MEHRING 2006, S.145). Es ist zu beachten, dass Bunker sich „nicht nur durch Umgestaltung und Verfall verwandeln, sondern was sie bedeuten, ist bestimmt durch die vielfältig gewandelten Vorstellungen von Geschichte. […] Geschichte ist schon umgeschrieben, der ‚authentische' Orte aufgefüllt mit Vorstellungen, die sich diejenigen machen, die all dies nicht erleben mußten" (WENK 2001, S.34f.). Ein zentrales Phänomen der Westwallmuseen liegt

nach MEHRING daher in den heutigen verschiedenen Bedeutungsüberlage-
rungen vor Ort (vgl. 2006, S.145).

Das Panzerwerk in Besseringen besitzt eine eigene Geschichte, gleichwohl
ist die Festungsanlage eine Kriegshinterlassenschaft und entstammt der als
„Großbauprojekt des dritten Reichs" (BETTINGER/HANSEN/LOUIS 2002,
S.6) titulierten Kriegsarchitektur des Nationalsozialismus. In Form eines „Museums B-Werk Besseringen" wird es nun als Erinnerungsort spezifisch festgehalten (vgl. MEHRING, S.145f.).

Nach Meinung der Verfasserin gilt dieser Standort B-Werk Besseringen jedoch aus den in der Arbeit dargelegten Gründen sowohl mit der Einbindung
des historischen und gesellschaftlichen Kontextes in das Museum als auch
mit dem herausgearbeiteten Mahnmalcharakter durchaus als ein Mittel der
Geschichtsdarstellung in der Schule.

5.   Fazit

Den Aufwand und die Kosten der geschilderten Restaurierungsmaßnahmen am B-Werk rechtfertigend, lässt sich in diesem Kontext nicht zuletzt neben den zuvor erwähnten Gründen auf zwei weitere Fakten hinweisen (vgl. SCHOLL/MALBURG 2006, S.111). Der Erste ist unbestritten die Einzigartigkeit des Bauwerkes und das Alleinstellungsmerkmal des B-Werkes, denn es ist das letzte noch vollständig erhaltene von 32 B-Werken des Westwalls. Weiterhin lässt sich der zweite Grund, dass das B-Werk seit nun mehr als 30 Jahre unter Denkmalschutz steht und dies den Aufwand, es der Öffentlichkeit seit 2005 zugänglich gemacht zu haben, rechtfertigt, anmerken (vgl. ebd.).

In einer dezidierten Auseinandersetzung mit der wissenschaftlichen Literatur zur Westwallthematik im Zuge dieser Bachelorarbeit wird erkennbar, dass Kritiker in solchen Erhaltungsmaßnahmen einen Militärtourismus, der die Anlagen nur auf die Kampftechnik reduziert, implizieren. Verschiedene Autoren[4] kritisieren die vermeintliche Ausblendung der Zerstörung, des Krieges und den Bedingungen der Entstehungen der Westwallanlagen (vgl. ELFERT 2008, S.110). Das Herauslösen der Bauwerke aus dem sozialhistorischen Kontext und eine eindimensionale Konzentration auf eine Demonstration von Waffen- und Militärausrüstung in den Anlagen wird vielen Verantwortlichen der am Westwall inwertgesetzten Standorte vorgeworfen. Mit gegenwärtigen Aktivitäten dieses Militärtourismus geht laut MÖLLER eine weitreichende Entkontextualisierung des Westwalls einher (vgl. 2008, S.28).

Der These, dass diese geschilderten Kritikpunkte ebenfalls am Standort „Museum B-Werk Besseringen" zutreffend sein könnten, möchte die Verfasserin der Arbeit unter anderem aufgrund ihrer eigenen Besichtigungserfahrungen

---

[4] Fings, Möller und Elfert. In: FINGS / MÖLLER 2008

vehement widersprechen. Außerdem kann bestätigt werden, dass die geforderten Maßnahmen (vgl. ELFERT 2008, S.113) von wissenschaftlichen Standards in Westwallmuseen am Standort B-Werk Besseringen mit der Umsetzung des erläuterten Inwertsetzungskonzeptes erfüllt werden konnten.

An dieser Stelle kann ein Vergleich mit dem „Gesamtkonzept zur Erinnerung der Berliner Mauer" angeführt werden. Die Ausfertigung beinhaltet folgende Forderungen: die Erhaltung der authentischen Relikte, die Grenzsicherungsanlage erfahrbar zu machen, dem Gedenken an die Opfer eine Lokalität zu geben, einen zentralen Ort der Informationsanzeige anzulegen, die dezentrale Erinnerungslandschaft zu respektieren, die verschiedene Erinnerungsorte in spezifische Themengebiete einzuordnen und ein flankierendes Kommunikationskonzept auszuarbeiten (vgl. AG Gesamtkonzept Berliner Mauer 2006, S.14ff. und ELFERT 2008, S.112f.).

Betrachtet der Autor ELFERT (vgl. 2008, S.113) eine Übertragung der erwähnten Standards für die Erhaltung an Westwallmuseen als unabdingbar, kann zu diesem Zeitpunkt resümiert werden, dass die Umsetzung einer besucherorientierten Nutzung am B-Werk vorzüglich gelungen ist. Die Skizzierung der erfolgreichen Inwertsetzung stellt sich wie folgt dar:

1. Das B-Werk blieb erhalten und wurde in bestimmten Abschnitten wieder „erlebbar" gemacht. Die Restaurierungen sind in Absprache und nach Vorgabe des Konservatoramtes, bzw. des Denkmalschutzes erfolgt (vgl. Scholl 2012, mdl.).

2. Ein Ort, an dem eine umfassende Dokumentation zum Westwall und seiner Geschichte mit den umfangreichen politischen Bezügen des B-Werkes initiiert wurde, ist schon eingerichtet worden und eine Übermittlung der Thematik findet mit den bereits erwähnten Informationstafeln statt. Nichts desto trotz sind diese durch verschiedene Themenbezüge noch erweiterungsfä-

hig und zusätzliche Informationstafeln sind laut SCHOLL derzeit in Planung (vgl. 2012, mdl.).

3. Die relevanten thematischen Themenschwerpunkte des Gesamtkonzeptes „Mahnmal gegen Krieg und Gewalt" und das B-Werk als „Bunker- und Westwallmuseum" werden durch die Fokussierung einer authentischen Rekonstruktion anschaulich demonstriert und ausreichend dokumentiert (vgl. Punkt 2).

4. Das Gedenken der Opfer, die in einem unmittelbaren Bezug zum B-Werk standen, finden ihren Ort im B-Werk und ihnen wird durch Anbringung der Namen aller Gefallenen des Kreises Merzig-Wadern an den Informationstafeln gedacht.

Diese unterschiedlichen Dimensionen des Begreifens und Erlebens im „Museum B-Werk Besseringen" verschaffen den Besuchern ein übergreifendes Bild über die Anlage selbst, deren Kontext und die damaligen Auswirkungen für die Zivilbevölkerung (vgl. ELFERT 2008, S.113).

Zugleich haben die diskutierten Ergebnisse der erhobenen Befragung von 49 Personen die Einschätzungen über die besucherorientierte Nutzung dieser Westwallanlage gestützt. Denn resümierend kann konstatiert werden, dass die Mehrheit der Besucher einen sehr guten Gesamteindruck von der Anlage verzeichnen konnte und 44 Besucher eine derartige Erhaltung einer Anlage aus dem Zweiten Weltkrieg als ‚sehr sinnvoll' und die weiteren fünf Besucher immer noch als sinnvoll erachten. Es kann eine große Kohärenz der verschiedenen Interessen der Menschen, die das B-Werk besichtigen, mit den Elementen, die das „Museum B-Werk Besseringen" den Besuchern bieten kann, im gespannten Rahmen der Bachelorarbeit bestätigt werden.

Die Motive für den Besuch sind zudem in das Blickfeld der Untersuchung gerückt worden. Dass unter den meisten Besuchern ein allgemeines Interesse am B-Werk besteht, welches ebenfalls aus Gründen der Neugierde zu einer Besichtigung reizt, wurde zusätzlich mithilfe der Besuchererhebung auch während des Expertengespräches sichtbar. Ein großer Anteil der Besucher mit Interesse an Historischem allgemein und an Besichtigungen generell ist mithilfe der Erhebung erkennbar geworden. Das Interesse an Kulturdenkmälern und militärischen Einrichtungen ist im Verlauf der Arbeit erörtert worden.

Daran anschließend sollten die ausgelösten Wirkungen und Eindrücke der Anlage, von denen die Menschen während der Museumsbesichtigung bewegt wurden, hinterfragt werden. Verschiedene Differenzierungen des Eindruckes sind hierzu untersucht und in der vorliegenden Arbeit diskutiert worden. Generell kann konstatiert werden, dass keiner der Besucher das B-Werk, ohne einen Eindruck gewonnen zu haben, verlassen hat.

Die daraus resultierenden Folgerungen sprechen unter anderem für eine Forcierung der Werbemaßnahmen für das Panzerwerk B-Werk Besseringen. Bezogen auf die Aufmerksamkeitsgewinnung konnte herausgestellt werden, dass eine Werbestrategie, die eine Internetpräsenz und eine vermehrte Straßenbeschilderung beinhaltet, vermutlich zu einem Anstieg der Besucherzahlen führen wird.

Im Rahmen eines längeren Untersuchungszeitraumes am B-Werk, der in eine detailliertere Befragung der Besucher und eine umfangreichere Arbeit involviert ist, könnten differenziertere Angaben der Personen und deren Hintergründe einen größeren Aufschluss über die Besucherstruktur bieten. Beispielsweise zu nennen wäre, inwiefern die Besucher konkretes Wissen über das B-Werk in Form von Augenzeugenberichten, Erzählungen oder über Literatur erworben haben oder ob sie Kenntnisse über den Westwall auf anderen Wegen erlangt haben. Diese Angaben konnten jedoch in dem kurzen Untersuchungszeitraum dieser Arbeit nicht erhoben werden.

Stellte es sich während der Anfertigung dieser Bachelorarbeit durchaus als anspruchsvoll heraus, alle Komponenten des Besucherfragebogens ausreichend in den Text einfließen zu lassen, hoffe ich doch, einen adäquaten Überblick über meine Zielvorstellungen der Besucherbefragung und des Expertengesprächs geboten zu haben. Zugleich hoffe ich, die Entstehung und die Innwertsetzung des B-Werkes sowie die gegenwärtige besucherorientierte Nutzung ausreichend und facettenreich beleuchtet zu haben.

Denn in dieser Arbeit war es unter anderem meine Absicht, deutlich herauszustellen, dass auch die unerfreulichen, sichtbaren Zeugnisse, die „der Mensch im Laufe seiner Geschichte [...] hervorbringt, einen Denkmalwert besitz[en]" (WILLEMS/KOSCHIK 1997, S.7). Gestützt auf die Besucherbefragung sollte akzentuiert werden, dass in der Gesellschaft durchaus ein Interesse an der Erhaltung und Inwertsetzung solcher „Zeugen der Geschichte" (MARSCHALL 2006, S.86) besteht und an eine „Erinnerungsbedeutung für mehrere Generationen" (ebd.) gekoppelt ist.

Literaturverzeichnis

AG Gesamtkonzept Berliner Mauer (2006): Gesamtkonzept zur Erinnerung an die Berliner Mauer. Dokumentation, Information und Gedenken. http://www.stiftung-berliner-mauer.de/de/uploads/test/gesamtkonzept.pdf (13.02.2012)

BETTINGER, Dieter Robert / HANSEN, Hans-Josef / LOIS, Daniel (2002): Der Westwall von Kleve bis Basel. Auf den Spuren deutscher Geschichte – ein Tourenplaner. Wölfersheim -Berstadt

BÜREN, Martin (1977/1979): Das B-Werk Besseringen, eine bemerkenswerte Befestigungsanlage des Westwalls im Saarland, in: KLEWITZ, Martin (Hg.): 25./26. Bericht der staatlichen Denkmalpflege im Saarland 1978/1979. Beiträge zur Archäologie und Kunstgeschichte. Saarbrücken, S. 83 – 97.

BÜREN, Martin (2006): Die technische Konzeption der Anlagen des Westwalls und ihr Wandel innerhalb seiner kurzen Baugeschichte, in: EBERLE, Ingo / REICHERT, Anja: Der Westwall. Erhaltung, gesellschaftliche Akzeptanz und touristische Nutzung eines schweren Erbes für die Zukunft. Norderstedt, S. 57 – 71.

EBERLE, Ingo (2006): Territorialfestungen in Europa im Überblick unter Berücksichtigung ihrer gegenwärtigen touristischen Situation, in: EBERLE, Ingo / REICHERT, Anja: Der Westwall. Erhaltung, gesellschaftliche Akzeptanz und touristische Nutzung eines schweren Erbes für die Zukunft. Norderstedt, S. 1 – 32.

ELFERT, Eberhard (2008): Der Westwall zwischen „Wildem Gedenken" und verantwortungsvollem Umgang, in: FINGS, Karola / MÖLLER, Frank: Zukunftsprojekt Westwall. Wege zu einem verantwortungsbewussten Umgang mit den Überresten der NS-Anlage. Weilerswist, S. 109 – 114.

FINGS, Karola / MÖLLER, Frank (2008): Zukunftsprojekt Westwall. Wege zu einem verantwortungsbewussten Umgang mit den Überresten der NS-Anlage. Weilerswist

FINGS, Karola (2008): Der Westwall als Mahnmal? Kritische Anmerkung zur derzeitigen Musealisierungspraxis, in: FINGS, Karola / MÖLLER, Frank: Zukunftsprojekt Westwall. Wege zu einem verantwortungsbewussten Umgang mit den Überresten der NS-Anlage. Weilerswist, S. 115 – 122.

FUHRMEISTER, Jörg (2003): Der Westwall. Geschichte und Gegenwart. Stuttgart

GOOGLE (2012): Kartendaten Geobasis-DE/BKG. B-Werk Besseringen.
http://maps.google.de/?ll=49.466102,6.622052&spn=0.007823,0.021136&t=h
&z=16 (13.02.2012)

GOOGLE (2012): Kartendaten Geobasis-DE/BKG. Kleve.
http://maps.google.de/maps?q=kleve&hl=de&ie=UTF8&ll=51.51558,6.523132
&spn=0.958851,2.705383&sll=51.151786,10.415039&sspn=15.484012,43.28
6133&hnear=Kleve,+D%C3%BCsseldorf,+Nordrhein-Westfalen&t=m&z=9
(21.02.2012)

HANSEN, Hans-Josef (2002): Auf den Spuren des Westwalls. Entdeckungen
entlang einer fast vergessenen Wehranlage. 4. Auflage, Aachen

MALBURG, Martina / SCHOLL, Egon (2006): Das B-Werk in Besseringen, in:
EBERLE, Ingo / REICHERT, Anja: Der Westwall. Erhaltung, gesellschaftliche
Akzeptanz und touristische Nutzung eines schweren Erbes für die Zukunft.
Norderstedt, S. 107 – 112.

MARSCHALL, Kristine (2006): Die Erhaltungswürdigkeit des Westwalls aus
Sicht der saarländischen Bodendenkmalpflege, in: EBERLE, Ingo /
REICHERT, Anja: Der Westwall. Erhaltung, gesellschaftliche Akzeptanz und
touristische Nutzung eines schweren Erbes für die Zukunft. Norderstedt,
S. 86 – 91.

MEIER KRUKER, Verena / RAUH, Jürgen (2005): Arbeitsmethoden der Humangeographie. Darmstadt

MEHRING, Nicole (2006): Musealisierungspraktiken am Westwall, in: EBERLE, Ingo / REICHERT, Anja: Der Westwall. Erhaltung, gesellschaftliche Akzeptanz und touristische Nutzung eines schweren Erbes für die Zukunft. Norderstedt, S. 142 - 153.

MÖLLER, Frank (2008): Die Enthistorisierung des Westwalls. Vom mythisch überhöhten Schutzwall zum bewunderten Zeugnis deutscher Ingenieurkunst, in: FINGS, Karola / MÖLLER, Frank: Zukunftsprojekt Westwall. Wege zu einem verantwortungsbewussten Umgang mit den Überresten der NS-Anlage. Weilerswist, S. 23 – 36.

ROHDE, Horst (1997): Vom Westwall zur Siegfried-Linie, in: WILLEMS, Willem / KOSCHIK, Harald (Hg.): Der Westwall. Vom Denkmalwert des Unerfreulichen (Führer zu archäologischen Denkmälern des Rheinlandes). Köln/Bonn (Text-und Kartenband), S. 41 – 70.

ROHDE, Horst / WEGENER, Wolfgang (1997): Europäische Befestigungen im Überblick, in: WILLEMS, Willem / KOSCHIK, Harald (Hg.): Der Westwall. Vom Denkmalwert des Unerfreulichen (Führer zu archäologischen Denkmälern des Rheinlandes). Köln/Bonn (Text-und Kartenband), S. 9 – 40.

WENK, Silke (2001): Bunkerarchäologien. Zur Einführung, in: WENK, Silke (Hg.): Erinnerungsorte aus Beton. Bunker in Städten und Landschaften. Berlin, S. 15 – 37.

WILLEMS, Willem / KOSCHIK, Harald (Hg.) (1997): Der Westwall. Vom Denkmalwert des Unerfreulichen (Führer zu archäologischen Denkmälern des Rheinlandes). Köln/Bonn (Text-und Kartenband), S. 7f.

Abbildungsverzeichnis

Fragebogen

Datum:_____ Uhrzeit:_____ Interviewer:_____

„Guten Tag, ich bin Studentin an der Universität Trier. Zurzeit arbeite ich an einer Arbeit, die sich mit dem B-Werk in Besseringen befasst.Ich würde mich sehr freuen, wenn sie ein paar Minuten Zeithätten, mir ein einige Fragen zu beantworten. Natürlich werden Ihre Angaben anonym und vertraulich behandelt werden."

1. Wo befindet sich Ihr Hauptwohnsitz?

Postleitzahl:_____ Ort:_____ Land:_____

2. Sind Sie heute zum ersten Mal hier? □ Ja □ Nein, ich war schon __ mal hier.

3.Wie lange ist die Wegstrecke, die Sie hierher zurückgelegt haben in km?_____

4. Mit wem Sind sie heute hier?

□ Alleine □ Reisegruppe mit __ Personen

□ Partner □ Bekannte __ Personen

□ Familie mit ___ Personen,___ Kinder unter 14 J. □ Sonstige

5. Wie sind Sie auf das B-Werk aufmerksam geworden?

□ Internet □ Empfehlung von Bekannten

□ Fernsehen □ Tourist Information

□ Artikel in Zeitschrift /Zeitung □ Ausschilderung an der Straße

□ Plakate □ Broschüren

□ Sonstiges:_____

6. Welches sind die Gründe für Ihren Besuch?Interesse an...

	(trifft zu –	mit Einschränkung –	eher nicht –	trifft gar nicht zu)
Historischem allgemein	□	□	□	□
Kulturdenkmälern allgemein	□	□	□	□
Westwall	□	□	□	□
militärischen Einrichtungen	□	□	□	□
lokalen Gegebenheiten	□	□	□	□
Technik	□	□	□	□
Besichtigungen generell	□	□	□	□
aktives Auseinandersetzen mit der Vergangenheit	□	□	□	□
kein besonderer Grund	□	□	□	□

7. Wie würden Sie selbst auf einer Skala von 1 bis 6 Ihr Vorwissen über den Westwall einschätzen? (1 wäre „sehr gutes Vorwissen" und 6 wäre „gar kein Vorwissen")

□ 1. sehr gutes Vorwissen □ 2. gutes Vorwissen □ 3. mittelmäßiges Vorwissen

□ 4. geringes Vorwissen □ 5. sehr wenig Vorwissen □ 6. gar kein Vorwissen

8. Wurden Ihre Erwartungen an den Standort hier übertroffen, erfüllt oder nicht erfüllt?

□ übertroffen □ erfüllt □ nicht erfüllt

9. Wie zufrieden waren Sie mit?

(zufrieden - eher zufrieden – eher unzufrieden – unzufrieden –weiß nicht)

Restaurierung des Bunkers	□	□	□	□	□
Informationstafeln vor Ort	□	□	□	□	□
Freundlichkeit des Personals	□	□	□	□	□
Führung/Kompetenz Personals	□	□	□	□	□
Straßenbeschilderung	□	□	□	□	□
Gastronomieangeboten	□	□	□	□	□

10. Welche Wirkung hatte die Besichtigung des Bunkers auf Sie?

(trifft zu   -   mit Einschränkung   –   eher nicht   -   trifft gar nicht zu)

interessant	□	□	□	□
unheimlich/beklemmend	□	□	□	□
erkundungswert	□	□	□	□
abschreckend	□	□	□	□
faszinierend	□	□	□	□

11. Welche Eindrücke haben Sie gewonnen?

(trifft zu   -   mit Einschränkung   –   eher nicht   -   trifft gar nicht zu)

emotional bewegt	□	□	□	□
verängstigt	□	□	□	□
erschüttert	□	□	□	□
beeindruckt	□	□	□	□
begeistert	□	□	□	□
keinen Eindruck	□	□	□	□

12. Was wird Ihnen nachhaltig in Erinnerung bleiben?_____

13. Wie ist Ihr Gesamteindruck über die Inwertsetzung des Bunkers?

□ sehr gut   □ gut   □ eher mittel   □ nicht so gut   □ schlecht

14. Haben Sie Verbesserungsvorschläge?_____

15. Empfinden Sie die geleistete Inwertsetzung und Restaurierung des Bunkers als sinnvoll?

1. □ sehr sinnvoll	2. □ sinnvoll	3. □ weniger sinnvoll
4. □ nicht sinnvoll	5. □ unnötige Kosten	6. □ keine Meinung

16. Haben Sie schon einmal die Maginot-Linie besichtigt?   □ ja   □ nein

Nun zum Abschluss bitte ich noch um einige Angaben zu Ihrer Person:

17. Welchen höchsten allgemeinbildenden Schulabschluss haben Sie?

□ Hochschulabschluss	□ Hauptschulabschluss	
□ Fachhochschulreife	□ Mittlere Reife	
□ Abitur	□ Keinen Abschluss	□ Sonstiges: _____

18. Nennen Sie mir zum Schluss bitte noch Ihr Geburtsjahr: _____
(19. Geschlecht des Befragten: □ männlich   □ weiblich)

Printed by Books on Demand GmbH, Norderstedt / Germany